人間魚雷

回天

命の尊さを語りかける、
南《なん》溟《めい》の海に散った若者たちの真実

題字の「回天」の文字は、回天を発案した黒木博司少佐の遺文から引用したもので、大津島の回天碑の文字と同じものです。

己の命をかけて 愛する人を
祖国を 守ろうとした

若者たちがいた

大東亜戦争末期、窮地に追い込まれた祖国を守るため、
自らの命をかけて人間魚雷「回天」とともに遙かなる海に散った若き特攻隊員たち。
迫り来る敵を前にした彼らにとって、「回天」は愛する人や故郷を守るために残された、ただひとつの道であった。

回天の真実、若者たちの思いを、今を生きる人に伝えたい

発刊に寄せて

大東亜戦争末期、敗戦が色濃くなった日本では、人間魚雷「回天」という特攻兵器が考案されました。若者たちは自分の命を最大限に生かす手段として、わが身を兵器と同化させることを自ら志願したのです。

回天の搭乗員たちは、勲章とか名誉のために、「必死」の任務に就いたのではなく、ひとつしかない自分の命を捨てることで、大切な祖国と愛する人々を守ろうとしたのです。その真実、その思いを、今を生きる人に正しく認識して欲しいと思います。

かけがえのない命が失われる戦争は、決してあってはなりません。そして、回天で散った若者たちの「何としても国を守り抜こう」という気持ちを眼の前にしたとき、私どもは自分自身のあり方、生き方を顧《かえり》み、より良いものにしていかねばと思うのです。そして「守りたい」と思えるような平和で素晴らしい社会を築いていきたいと心から願います。「回天」によって亡くなった方々のご冥福を心から祈りつつ、その思いを未来へ伝える努力を続けていきたいと思います。

日本の一時期にあった「回天」の真実を伝えるこの本が、老若男女を問わず一人でも多くの人に読まれ、命の尊さ、人を思いやる心の大切さを、いま一度見つめ直すきっかけとなりますようご推薦いたします。

全国回天会 会長 小灘　利春

小灘 利春｜略歴：広島生まれ。海軍兵学校72期卒（海軍大尉）、八丈島基地回天隊隊長（待機中終戦）。終戦後は京都大学水産科を卒業、某大手水産会社に入社し南氷洋捕鯨などに従事する一方、回天顕彰会、回天会設立に尽力。

人間魚雷

回天

目次　contents

[隊員の階級表記について]
●訓練時、出撃作戦時、殉職時については生前階級での表記とします。
●P78以降の戦没搭乗員一覧、遺書、遺稿（文中を除く）については没後階級での表記とします。

死と隣り合わせな**猛訓練**の中、
15人が出撃の願い叶わず、
その命を落とした。

3度の出撃で
不運の帰還に泣いた搭乗員も、
4度目の出撃で、本懐《ほんかい》を遂げた。

回天には**内部**から開閉できるハッチがあった。
しかし、**水圧**が高いと搭乗員には開けることができなかった。

一度潜水艦を離れると、**停止、再起動**は不可能な回天。
敵艦に体当たりし得なかった時には、幾度も**繰返**して標的を追った。

戦死した搭乗員**89名**、殉職者**15名**、自決者**2名**。
また、回天搭載潜水艦と共に散った
出撃整備員は35名、潜水艦乗組員は812名にのぼる。

極秘の兵器とされた回天、
その**戦果**は未《いま》だ多くが確認し得ない。
戦いの結末は、突入を果たした
すべての若者たちが知っている。

「天を回《めぐ》らし、戦局を逆転させる」

人間魚雷

回天は、大量の爆薬を搭載した魚雷に
人間が自ら乗り込み、操縦し、敵艦に体当たりする必死の特攻兵器である。
脱出装置も通信装置もなく、ひとたび母艦を離れれば、事の成否にかかわらず、生きては還れない。
目的はただ一つ、敵の艦船を轟沈《ごうちん》させることのみ。
彼らはなぜ、回天を生み出したのだろうか。
そして何を思い、回天とともに、遥かな海に散っていったのだろうか――。

戦局は悪化し、日本にとって残された道は「特攻」ただ一つであった。
海軍創設以来、認められることのなかった
「**必死必殺**」の兵器として生まれた「回天」。
世界に誇る「九三式魚雷」を
改造した「**目のある魚雷**」での特攻作戦である。

最高速力は30ノット（時速約55キロ、
1.55トンの爆薬を積み、たった1基の体当たりで**空母**を瞬時に
轟沈するほどの威力をもつ。

回天を**発案**したのは、自ら特攻に身を投じた青年士官たちである。

搭乗を**志願**した者のうち最も多かったのは、
航空機に乗ることを夢見ていた**予科練出身者**たちで、
最年少はわずか**17歳**の少年であった。

回天を搭載して出撃した精鋭**潜水艦**はのべ32隻。
執拗《しつよう》な敵艦の攻撃を前に、**8隻**は二度と、還《かえ》らなかった。

彼らの多くは、
極秘の特攻兵器「回天」で征《ゆ》くことを心に秘めたまま、
家族や**愛**する人に最後の**別れ**を告げた。

—兵器として開発された

回天

人間魚雷「回天」の
変遷とメカニズム

改良に改良をかさねながら、実戦に投入

回天一型

**菊水隊・金剛隊で実戦に投入された一型は、
その戦訓に従って更に操縦性向上を図るため改良を重ね、
ツリム用タンクの増設、操縦室内への燃焼圧計の装着等、
「一型改一」以降もアイデアが加えられた。**

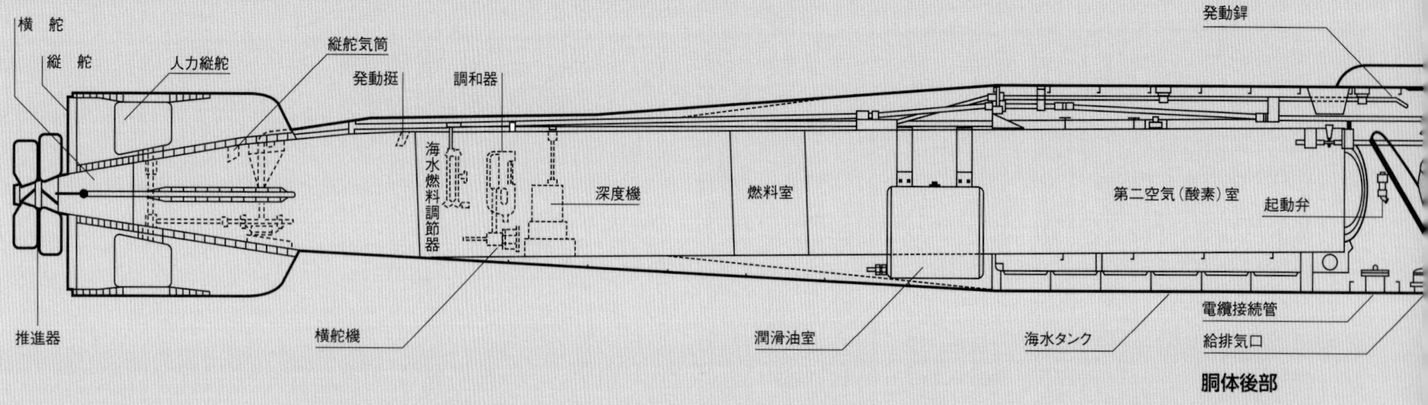

1 船体構造

一型は全長14.5m（一型改一以降は14.75m）、胴体直径1m、安全潜航深度80mである。この耐圧深度が最大の難点で、搭載する潜水艦は100mであり、敵からの制圧を受けた際、回天を搭載しているため限度一杯の潜航により制圧を躱《かわ》すことができない。回天の潜航深度を100mとするには船体構造からやり直さなくてはならず、それでは戦機に間に合わなくなると、使用側の潜水艦隊と開発側とで論争となったが、潜水艦も限度一杯まで潜航せねばならない時は、極限の危機に瀕《ひん》している時だからと潜水艦側の譲歩が得られ、80mのまま進められた。

胴体は前から頭部、胴体、九三式魚雷三型で構成されている。胴体前部には九三式魚雷の酸素気蓄器（装気圧215kg/cm² 775ℓ）、燃料室（ケロシン96ℓ）、上部に操舵《そうだ》用の気蓄器（装気圧225kg/cm² 20ℓ）6本、中央下部にツリムタンク2群が装備されていた。

胴体後部は前半分が操縦室で操縦席を中心に電動縦舵機、速力改調把手《とって》、深度改調把手、人力縦舵把手、電動縦舵機その他用スイッチボックス、電話、傾斜計、特眼鏡（潜望鏡）、電気信管用スイッチ、安全解脱把手、金氏弁、ベント弁柱、起動弁、発動鐔《かん》（発停用）等々が所狭しと配備されている。尚、操縦席の上方と前下方にハッチがあり、一型改一以後上部ハッチの外周に波除けがついた。

操縦席の後方は九三式魚雷の頭部を除いた部分が挿入されていて、第二空気室（装気圧215kg/cm² 775ℓ）燃料室（ケロシン96ℓ）、主機械油室（潤滑油58＋70ℓ）下部にツリムタンク3群が装備されその後部は機関部深度機室等の九三式魚雷室である。

2 頭部

頭部には実用頭部（爆装）と駆水《くすい》頭部（訓練用）の2種類がある。実用頭部には1.55トンの炸薬《さくやく》が充填《じゅうてん》され、一発で如何《いか》なる艦船も撃沈できると言われていた。これを爆発させる信管は九三式魚雷と同様二式爆発尖《せん》の他、電気信管を装備していた。電気信管は突入時、搭乗員がスイッチの把手を握り、命中時の慣性により体が前方に傾くと自然にスイッチが入るようになっていた。

もう一つの駆水頭部（訓練用）は、容量850ℓの深度駆水室と300ℓの応急駆水室に仕切られており、深度駆水室には駆水弁が2個、排水口、注水口が各1個あり、応急駆水室には駆水弁、排水口、注水口各1個及び深度駆水用気蓄器、同装気弁、塞気弁、深度弁、噴気弁並びに油室各1個が装置されていた。

深度駆水は深度15mを超えて潜航した時作動する。まず深度弁が作動し逃油弁を開き深度駆水室に噴気し、室内の水を全排水する。応急駆水は操縦室内の応急駆水弁を開けば操舵空気が応急駆水室に噴出し排水する。これらは黒木博司大尉と樋口孝大尉の事故殉職後に開発された。

3 操縦

回天の操縦は、基本的にはオートパイロット（自動操舵）である。縦舵はジャイロコンパスを内蔵した電動縦舵機により制御され、搭乗員は斜進装置により回天の針路をジャイロに設定すれば、電動により所定針路に回頭、直進する。電動縦舵機は搭乗員の右前に設置されている。この他に人力操舵装置がある。これは電動縦舵機の補助で、この縦舵は尾部の縦鰭内に装備され、搭乗席の右側方に人力縦舵用手輪があり、左右35度までの目盛りが刻まれ、この把手の操作力量は小さく、作動は極めて容易である。

操縦席に着くには、上部ハッチ・下部ハッチを使用、下部ハッチは潜水艦

海軍工廠《こうしょう》技術陣が総力を挙げて開発

1944(昭和19)年4月4日、軍令部から海軍省に提出された「特殊緊急実験」を要する兵器として「㊀」〜「㊈」金物が要求された。この中の「㊅《まるろく》」金物が人間魚雷であった。人間魚雷は、以前から黒木博司大尉と仁科関夫中尉らによって強力に開発が進められてきたが、海軍省の決断により、晴れて公式に開発されることになった。呉海軍工廠に開発命令が出たのはまず一型、続いて二型、四型の3種類。最初の一型は可能な限り早い時期に実戦投入したいとの思いから、既成の兵器「九三式魚雷三型」を利用して開発されたものである。

全長：14.5m
直径：1.0m
全重量：8,300kg
速力：30kt
航続時間：2時間15分(12kt)
頭部炸薬量：1,550kg
乗員：1名

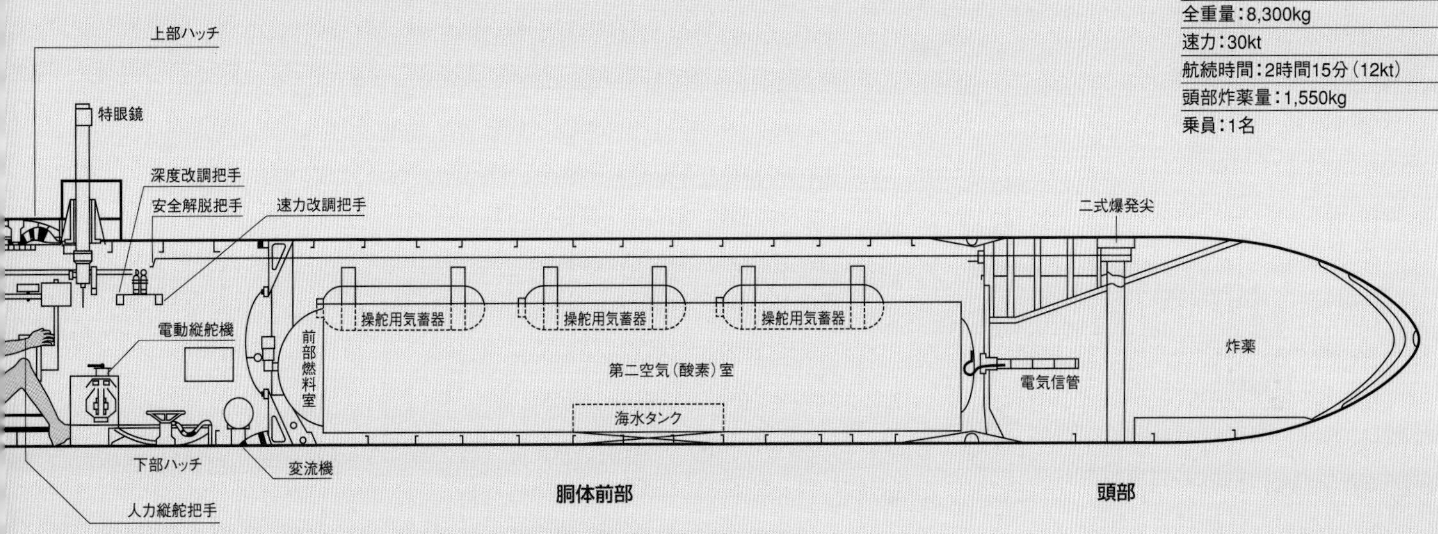

発進の際に使用し、訓練時や陸上前進基地で乗り込む時は、上部ハッチを使用した。陸上基地進出の回天には下部ハッチをつけなかった。

速度は、第二空気(酸素)の燃焼室への排出圧と白灯油の量及び海水の量を、速力改調把手で操作する事により得る。搭乗員は右上方にある速力改調把手を用いて主調和器に与える圧力を1.5kg/cm^2から33kg/cm^2まで操作することにより、自由に所要速度を得られる。水上速力を12ノット以上にすれば潜入し、イルカ運動を起こし、3ノット以下では冷走となる可能性が大であるが、終戦直前には30ノットの高速で、イルカ運動を利用した観測法ができ、高速のまま観測から突入襲撃でき、増減速による攻撃態勢・射角の低下をカバーできるようになった。深度は深度機によって制御されている。搭乗員は左上方にある深度改調把手を動かして所要深度を設定すれば、深度機が自動的に設定深度を維持、潜航を続ける。浮上・潜航は把手の操作により深度機バネを締弛させることによって深度0から所要深度へ容易に変換できる。

外部観測、目標把握には特眼鏡(小型潜望鏡)を用いる。特眼鏡の昇降把手は操縦席の左にあり、潜航の際には降下させ、浮上の際に上昇させて観測するが、目標捕捉のため俯仰角装置と変倍装置があり短時間で操作し潜航しなければ敵から発見される。浮上観測の際、海上風波の影響で観測困難となることがあり、終戦直前の頃には高速観測のため対物鏡のすぐ下に飛沫《ひまつ》避けをつけるようになった。

4 機関

一型の推進機関は九三式魚雷三型の機関である。この魚雷は純酸素とケロシン(白灯油)を燃料とする機関で、自動車エンジンのような爆発行程はなく、純酸素とケロシンを燃焼室に噴射、火管によって点火すると高温燃焼をする。この高温ガスに螺蓋の噴水口から海水を霧状にして噴射すると、膨大な高圧高温蒸気を発生する。この蒸気により滑弁を介し二気筒のピストンを作動させ、550馬力のパワーを生み出す。噴射した海水は蒸気のため、燃焼ガス温度を抑制する冷却作用をする。純酸素と白灯油は点火の際に爆燃の可能性が大きい。

この機関を始動する際、前記のように爆燃し超高温を発生するため、気筒を熔損又は爆発させることになる。その対策として九三式魚雷三型で開発された四塩化炭素の混入がある。二空(酸素)の起動弁を開き、発動鋜を押し起動挺を倒すと燃焼室に四塩化炭素を混入した酸素と白灯油を噴射して火管により点火することで、酸素は四塩化炭素で爆燃力が抑制されていた。しかし、高温蒸気の影響を一番に受けるのは滑弁で、回天では訓練のため反復使用されるので熔損およびシリンダーとの間隙が大きくなり、途中冷走・停止等の故障も多発した。二気筒ピストンを作動させ、推進軸を回転、推進力となった蒸気は、推進軸を通って海水中に排出され、この時海水に溶け込んでしまうため、いわゆる雷跡となる気泡は発生せず、これが九三式魚雷(回天)の無航跡の所以《ゆえん》である。四塩化炭素を入れるボトルは二空起動弁に隣接し、潜水艦が戦場に到達した時点または、「回天戦用意」発令時に担当整備員により充填され、長期保存等の配慮は無用であった。「発進!」の令で搭乗員が発動鋜を一杯に押すと、二空(酸素)は四塩化炭素を先行させ、これによって爆燃防止剤混合となり、火管によって点火される。

排気口には鬢《びん》付け油を塗布した木栓が打ち込まれ、発動時に排気圧により飛ばされ、長期間海水に浸されている回天の防水となっていた。

過酸化水素の生産不足により、開発半ばで中止

回天二型

二型は本格的な人間魚雷として、海軍の技術陣の総力を挙げ、企画・開発が行われる事となった。開発・実験は呉海軍工廠及び三菱重工長崎兵器研究所で行われたが、機関の一部に設計上の不備があり、高速、高馬力の長時間運転は不可能で中止となった。さらに、過酸化水素の生産量が増加せず、航空機「秋水」と競合する事となり、海軍として「秋水」のみに使用させる事となり、二型の開発は昭和20年3月に中止される事となった。

1 船体構造

全長16.5m、直径1.35m、耐圧深度130mで、胴体は、前から頭部、Aブロック、Bブロック、Cブロック、Dブロックで構成している。

Aブロックは前半分が前部浮室で、ケロシンタンク1本、操舵用気蓄器2本が設置され、後半分は5層からなる過酸化水素タンクになっている。タンク内の燃料（過酸化水素、水化ヒドラジン、ケロシン）は海水によって押し出される仕組みになっているが、過酸化水素は海水に触れると反応するため、過酸化水素に触れても反応しないクロルナフタリンと菜種油で作られた特殊な分離液が開発され、第1層に厚さ40cmにわたって入れられていた。

Bブロックの前半分は操縦室で、操縦席を中心に、電動縦舵機、深度機、特眼鏡などが配置されている。後半分は前部トリミングタンク、その上に水化ヒドラジンタンク2本が並列に並べられ、後端には補水室1本が機関室前面球体隔壁に取り付けられている。Cブロックは前半分は機関室、後半分は後部浮室となっている。

Dブロックは船尾管や舵の取り付け部がある。二型の内壁は過酸化水素と船体素材との反応を恐れ、錫、硬質アスファルト、錫の順で3層コーティング（1層の厚さは0.5〜1mm）が施された。また、各ブロックを接続する際には厚さ2mmの錫製Oリングが挟み込まれた。これだけの処置を見るだけでも、過酸化水素の扱いに過敏になっていたことが分かる。

2 頭部

頭部には一型同様に、実用頭部と訓練用頭部の2種類ある。実用には1.5tの炸薬が詰まっていて、信管も同様に爆発尖と電気信管が備えられている。訓練用頭部の構造も一型と同じものと思われるが、直径が大きくなった分、容積も当然大きくなり、気蓄器の容量も大きくなっている。

3 操縦

二型の操縦も基本的にオートパイロットである。操縦方法も一型同様だが、特眼鏡昇降装置には高度なものが取り付けてある。通常は特眼鏡の昇降を油圧式スイッチで行うが、潜航開始時には深度器と同調して自動的に特眼鏡を下ろす仕組みになっていた。

4 機関

二型の推進機関システムは、アメリカ爆撃技術調査団も注目したほど高度なものである。燃料は、当時ロケット戦闘機Me163（日本版「秋水」）用の燃料として使われていた過酸化水素と水化ヒドラジンだが、二型にはこれにケロシンも加わる。過酸化水素も水化ヒドラジンも非常に有害であり、有機物が触れただけで爆発炎上するほどで、水化ヒドラジンに至っては人にかかると白骨化したと言われる。そのうえ、燃焼により発生するガスも有害であったと思われる。二型ではこのガスを利用して水蒸気を作り、六気筒蒸気ピストン機関を動

全長:16.5m
直径:1.35m
全重量:18,370kg
速力:40kt
航続時間:2時間15分(20kt)
頭部炸薬量:1,500kg
乗員:1名

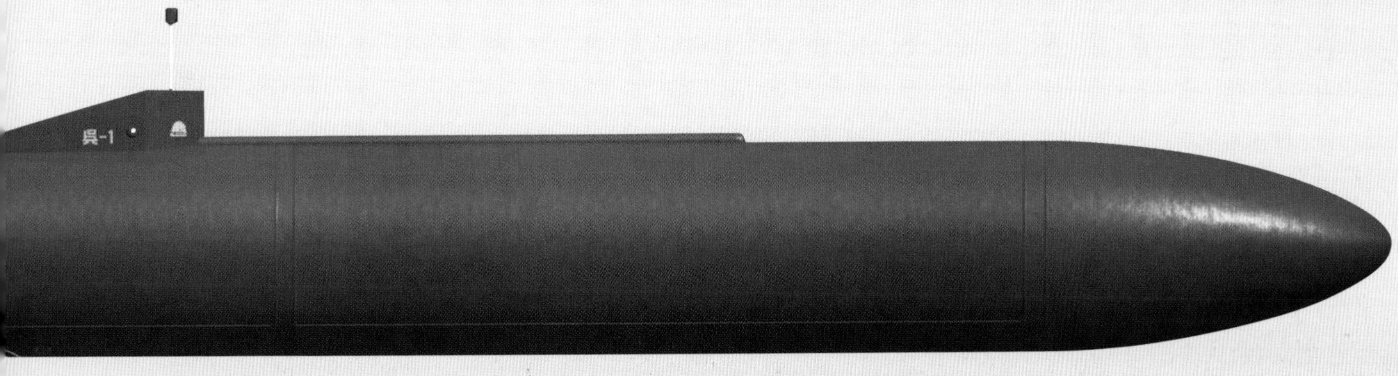

かし、海中に排出するという方法が採用された。

この機関の発動は、スロットルレバーの操作一つで行われる。このスロットルレバーには停止、始動、低速、中速、高速の5ポジションがあるだけで、操作は非常に簡単になっている。スロットルレバーを始動に合わせると圧縮空気のバルブが開き、六気筒蒸気ピストン機関「六号機械」を低回転で動かし始める。すると、右クランク軸に直結している海水ポンプが作動し、各燃料タンクへ海水を送り始める。タンクからは海水によって押し出された燃料が燃焼室に入り、燃焼を開始し、噴射した海水を水蒸気に変え、六号機械へ送り込むというもの。この水蒸気で作られるパワーは1,500馬力に達し、最高速力40ノットを可能にした。最大の特徴は発停が自由に行えることで、出撃後、敵艦を見失ってもエンジンを止めて待機することができるようになっていた。

ちなみに、六号機械には工廠製と三菱製の2種類があった。工廠製は十分なテストを繰り返し、計画通りの性能を発揮するまでになったが、三菱製はピストンシリンダー(燐青銅)とピストン(鋳鉄)の素材が異なったために焼き付きを起こし、動いても負荷をかけると止まってしまうなど、満足に作動するものではなかった。しかし、三菱は試作直後に量産を開始。二型と同様、六号機械を採用していた四型でも致命的な欠陥として大問題に発展した。これが六号機械駄作説の真相である。また、13気圧もの水圧がかかる六号機械の防水用に特殊な防水ペンキが開発された。

5 燃料の安定化

二型には切り離せない問題があった。それは、燃料の過酸化水素と水化ヒドラジンの安定化。このロケット燃料は当時としては未知の燃料であり、独自で取り扱いから取り組まなければならなかったことである。

過酸化水素は何もしなくても熱によって分解する。水化ヒドラジンは空気で酸化してしまう。これを防ぐために、15種類もの薬品を使って安定化の実験が繰り返され、ピロ燐酸ソーダ0.2g、オキシキノリン0.3g、燐酸0.15gを混ぜた安定剤の開発に成功した。保存容器の材質も限定され、錫製かガラス製の容器でなければならなかったが、ガラス製は壊れやすいのが難点。事実、使用中に割れ、内部の過酸化水素が有機物に触れて爆発炎上する事故も発生している。また、水化ヒドラジンは海水に触れると反応するため、タンク後端には海水で膨らませる膨張式ゴムパットが取り付けられた。これは合成ゴムに反応する水化ヒドラジン側に天然ゴムを、海水に油が混ざったときに天然ゴムでは耐油性がないため、海水側に耐油性のある合成ゴムをという2層構造になっていた。そのほか、両燃料系統にはステンレスが多用されていた。

6 回天三型

二型には機関が違う三型が存在した。この三型にはタービン機関が採用される予定で、工廠製の1段タービンは横須賀海軍工廠で、三菱製の2段タービンは三菱長崎で開発が進められ、共に1,500馬力の出力を目指していた。

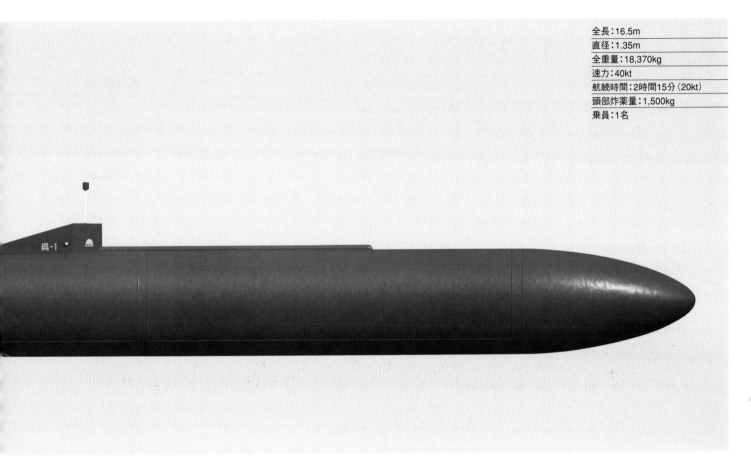

呉海軍工廠技術陣だけが開発に成功

回天四型

四型は二型と同時進行で開発されたもので、
その開発は二型の開発が失敗したときのための
リスク軽減と思われる。
燃料系統以外は二型と共通の部品が多数使われている。
軍令部は四型の性能に、二型と同じ40ノットを要求。
軍令部には妥協はなかった。
この要求に呉海軍工廠技術陣は計画には無理があると
猛反対したが、計画は変更なく実行されることになった。
結果的に、計画通りの性能をクリアできたのは呉工廠製だけで、
他の工廠で製作された四型は満足な性能を発揮できなかった。
その後、昭和20年3月には二型と共に
開発が中止され、四型のみ終戦直前に生産が再開された。

全長:16.5m
直径:1.35m
全重量:18,170kg
速力:40kt
航続距離:62,000m(20kt)
頭部炸薬量:1,800kg
乗員:1名

1 船体構造

全長16.5m、直径1.35m、耐圧深度130mで、胴体は頭部、Aブロック、Bブロック、Cブロック、DブロックEブロックで構成されているが、頭部とD―Eブロックは二型と共通である。

Aブロックは前部燃料室で、61cm特号気蓄器1本と43.5cm気蓄器3本、直径約15cm海水タンク2本が入った部分と、周りが前部トリミングタンクに囲まれたケロシンタンクがある部分に分かれている。後端隔壁には操舵用気蓄器が4本設置されている。

Bブロックは操縦室で、操縦席を中心に電動縦舵機、深度機、特眼鏡などが配置されている。Cブロックは後部燃料室で、後部トリミングタンクの上に43.5cm気蓄器が3本、後端の機関室前端球体隔壁には補水室が2本八の字に設置されている。Dブロック以降は二型と同じである。

2 頭部

頭部は一型、二型同様に実用頭部と訓練用頭部の2種類がある。実用頭部には回天全型中最大の1.8tもの炸薬が詰まっている。信管は各型同様に、爆発尖と電気信管の2種類を装備する。

3 操縦

機関は二型と同じ「六号機械」だが、燃焼室は九三式魚雷の燃焼室を2つ備えている。燃料は一型と同じ純酸素とケロシンで、始動用四塩化炭素の容量は1.3ℓにもなる。多数の純酸素気蓄器を装備するのは、当時の技術では直径が70cmを超えるものを製作する工作力がなかったからである。前述のとおり、六号機械には海軍工廠製と三菱重工長崎兵器研究所製の2種類があり、光海軍工廠回天工作隊には三菱製が支給された。

光海軍工廠では呉海軍工廠から送られてきた四型の部品を組み立てていたが、六号機械だけは三菱から支給されたものを使用していたのである。しかし、送られてきたものを作動試験すると、いきなりシリンダーヘッドが吹き飛んだり、無負荷では動くものの、負荷をかけると止まってしまったりと散々なものだった。しかも、ピストンシリンダーが燐青銅製、ピストンが鋳鉄と素材が異なるために焼き付きを起こし、この対策としてピストンシリンダーを鋳鉄で作り直したものの、当時の鋳物技術では5気圧で水漏れしてしまい、ついには六号機械の使用を諦《あきら》めてしまったのである。代わって、九三式魚雷の二気筒並列ピストン機関二基を直結したものを独自に開発して四型に装備したが、作動試験を行う前に終戦を迎えた。

一方、横須賀海軍工廠では工廠製六号機械を採用したものの、九三式魚雷の燃焼室がなぜか不完全燃焼を起こし、排気から酸素を検出。横須賀工廠技術陣はその原因を突き止めることができず、横須賀工廠製の四型は最高速力が25ノットにとどまった。

回天十型

電池魚雷を改造し開発された小型人間魚雷

本土決戦に向け、様々な特攻兵器が次々に開発されたが、この十型もその一つである。母体になった九二式電池魚雷改一は、最大速力30ノットと遅く射程距離7000mと短かったため量産体制を整えた後も、ごく少数が試作されたにとどまった。ちなみに、回天十型は、昭和20年9月までに520基もの大量生産が計画されていた。

全長:9.0m
操縦室直径:0.7m
胴体直径:0.53m
全重量:3,050kg
最高速力:14kt
航続距離:30,000m(8kt)
頭部炸薬量:300kg
乗員:1名

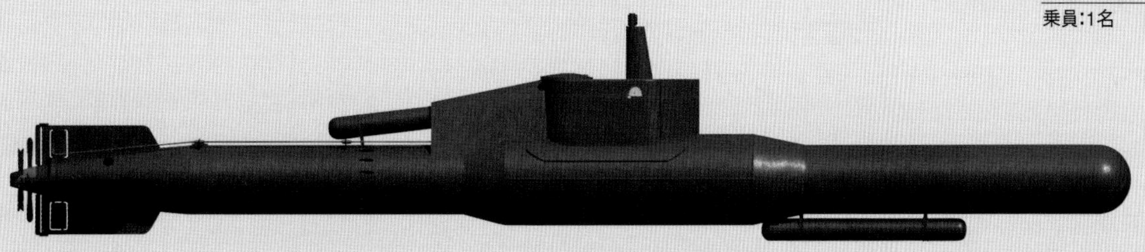

1 船体構造

直径53.3cmの九二式電池魚雷改一を真っ二つに切り、その間に長さ2.08m、直径70cmのセイル付き操縦室を挟み込んだもので、全長は9mとなっている。

2 頭部

頭部は九二式電池魚雷改一のもので、炸薬量300kgで信管には九〇式衝撃信管と機雷用電気信管の2種類が装備されている。十型にももちろん、訓練用頭部がある。これも九二式電池魚雷のものである。この訓練用頭部には追尾用ライトが上部に付いていて、そのスイッチは前進の水圧で作動するように、外に装備されていた。

3 電池室と蓄電池

もともと1つだった蓄電池室は、人間魚雷化により2つに分けられた。そのために、蓄電池「特M型改一蓄電池」も2分割格納となり、前後の電池室に56個ずつ、電池ラックに乗せられている。

蓄電池は温度によって放電量が変わる。充電時には蓄電池から水素ガスが発生する。これが電池室に充満して濃度が上がれば、蓄電池のスパークにより爆発する危険が高まる。そこで、常に電池室内を換気し、水素ガス濃度を一定以上濃くすることを防ぐようになっていた。

4 操縦

十型の操縦も基本的にオートパイロットである。改造では、同じく魚雷を利用している一型が模範になったと思われる。狭い操縦室内には電動縦舵機、深度改調機、速力改調スイッチ、特眼鏡、自爆装置などがぎっしりと詰まっていた。

一型と異なる点は、動力が特M型改一蓄電池と特M型90馬力電動機であることで、発停が自在に行え、前進も低速、中速、高速の3段階スイッチがあったものと思われる。外部を観測するために基線長70cmの「五式特眼鏡」を装備しているが、昇降装置は付いていないので、旋回だけしかできない。なお、出入り口は上部ハッチだけである。

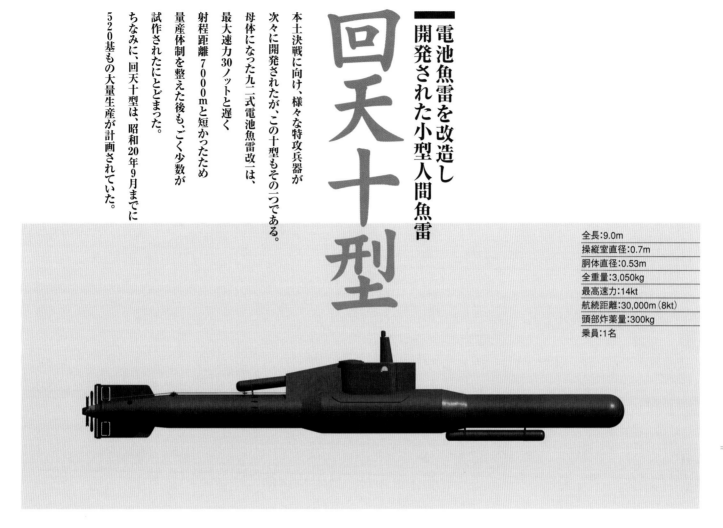

現存する回天

1「回天一型改一」スクリュー部
2「回天四型」B・Cブロック

回天一型改一

●靖国神社「遊就館」（東京都千代田区）

靖国神社内の展示施設「遊就館」には多数の旧日本軍兵器が奉納・展示され、その中には人間魚雷「回天」が展示されている。この回天はハワイから帰ってきた「基地回天隊用・回天一型改一」で、下部ハッチが廃止されている。また、内部機器も全く残っていなくて、後部の九三式魚雷三型もレプリカである。すなわち、訓練頭部と胴体だけが本物ということになる。その傍らには九三式魚雷が展示されている。この九三式魚雷は気蓄器以降のカバーが失われ、エンジンが丸見えになっていることから、その構造を知るうえで貴重な資料となっている。

もう一つ、「回天四型」のBブロックとCブロックにも注目。これらは戦後に横須賀で発見され、ここに奉納された。長い間、野外展示されていたが、平成14年からは遊就館内に展示されている。

回天二型 Bブロック

●平生町歴史民俗資料館（山口県熊毛郡平生町）

光海軍工廠にあった「回天二型」Bブロックが戦後、光市の武田製薬敷地内の地中から掘り出され、ここに移設・野外展示されている。修復の際、「四型」として修復されたため、同型に似せた波切りが取り付けられている。

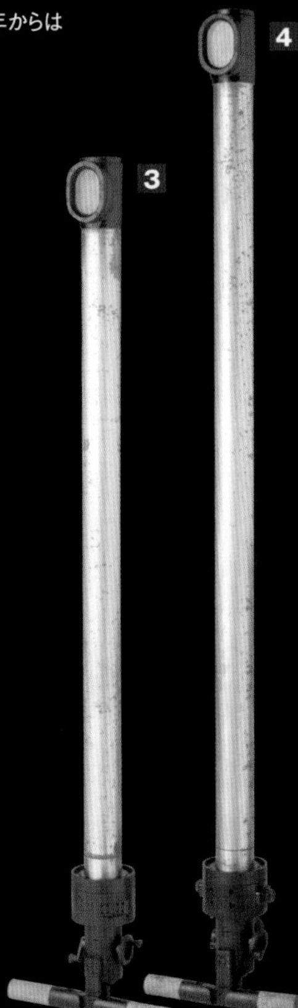

水防眼鏡二型

●阿多田交流館（山口県熊毛郡平生町）

「平生町歴史民俗資料館」にあった「回天資料室」が独立し、かつて回天訓練基地があった場所に新設された「阿多田交流館」。ここには現地から出撃した回天搭乗員を中心にした遺品などが収められている。回天の部品としては「水防眼鏡二型改六」と「水防眼鏡二型改七」が展示されている。この2本の特眼鏡は外面の錆が落とされ、瞳部と接眼部の再塗装、メッキ部分の腐食防止が施されている。

3「水防眼鏡二型改六」 4「水防眼鏡二型改七」

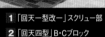

九三式魚雷 エンジン

●周南市回天記念館（山口県周南市）

周南市の沖に浮かぶ大津島には戦時中、人間魚雷「回天」の訓練基地があり、戦後、この地に「回天記念館」が建設された。ここには回天搭乗員の遺品などのほか、回天の部品なども展示。館内には「水防眼鏡二型改六」とハッチが、屋外には九三式魚雷のエンジンが展示されている。

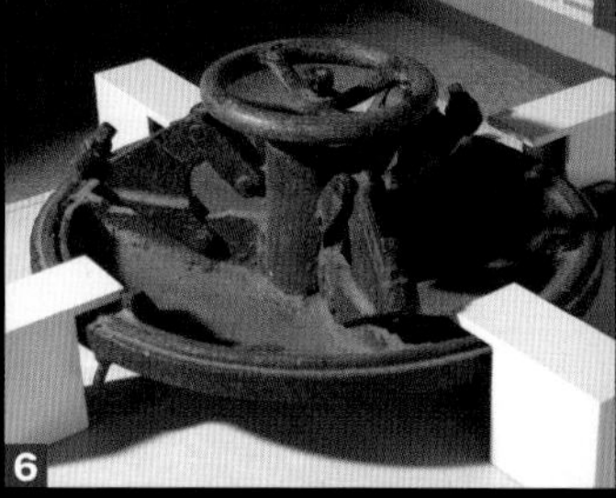

5 九三式酸素魚雷のエンジン　6 ハッチ

回天十型試作型

●呉市海事歴史科学館「大和ミュージアム」（広島県呉市）

平成17年に完成した「大和ミュージアム」には、全国から収集された呉海軍工廠に関する旧日本軍資料が展示されている。回天に関しては、世界で唯一現存する「回天十型試作型」、「水防眼鏡二型改六」等を展示。この回天十型試作型はハワイから持ち帰り寄贈されたもので、現存する資料によって復元されている。

海外に現存する回天

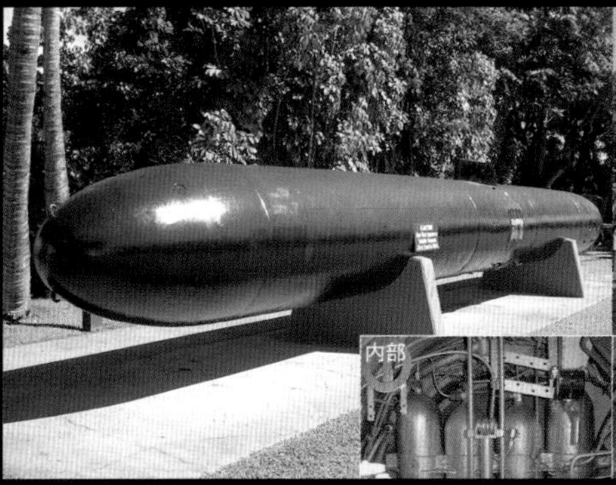

回天四型

●ボーフィン・サブマリン・ミュージアム
（アメリカ・ハワイ・オアフ島）

ハワイ・オアフ島の真珠湾にある「ボーフィン・サブマリン・ミュージアム」には、「米海軍潜水艦ボーフィン」が展示されているほか、「回天四型」も展示されている。この回天四型は船体に横須賀海軍工廠と書かれたプレートがあることから、戦後、横須賀から持ち帰ったものと思われる。

回天四型

●ハッケンサック海軍博物館
（アメリカ・ニュージャージー州）

「ハッケンサック海軍博物館」には、「回天四型」がワシントン海軍工廠から移設されている。「全国回天会」がここを訪れた折、これまで開けられることがなかったハッチが開けられた。内部の構造を見る限りでは四型と推測される。回天の色は終戦後、アメリカによって塗装された。

回天一型改一

●キーポート海軍潜水艦博物館
（アメリカ・ワシントン州）

「キーポート海軍潜水艦博物館」には「回天一型改一」が展示されている。この一型改一は、各機器が操作可能な状態までにほぼ完全にそろっている。胴体は右側上1/4外板がカット、魚雷は左上部1/4外板がカットされ、内部機器がひと目で分かるようになっている。回天の色は終戦後、アメリカによって塗装された。

大東亜戦争 戦局の変化

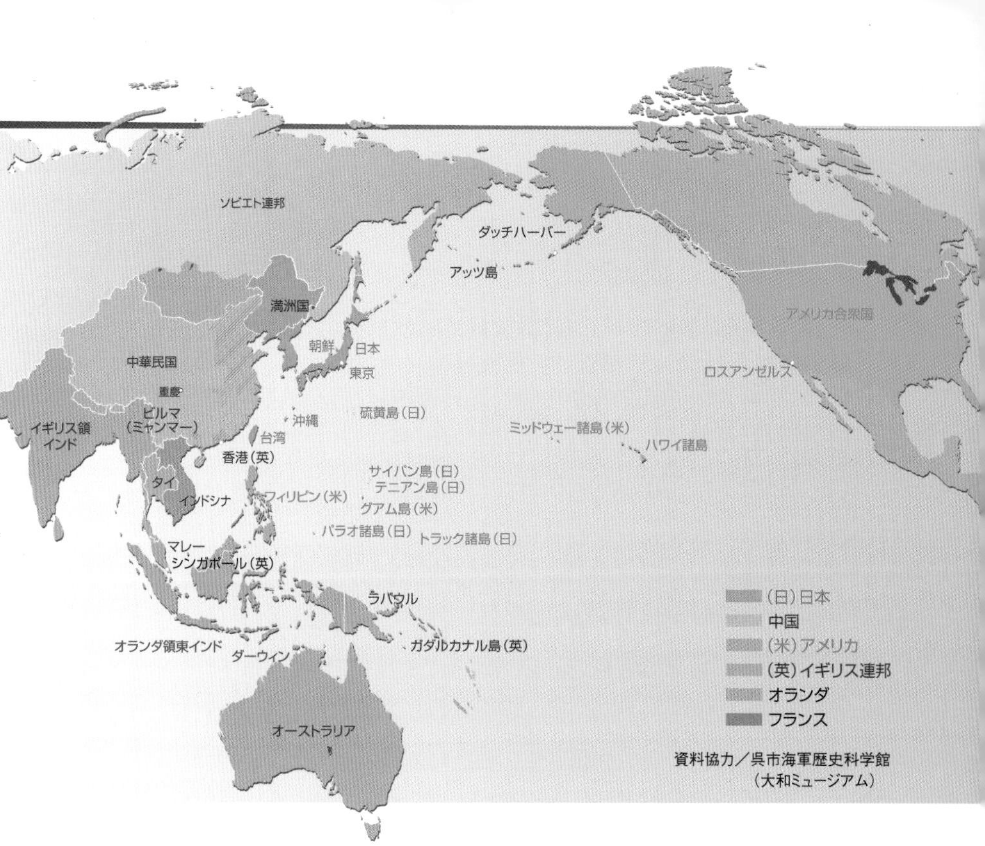

資料協力/呉市海軍歴史科学館(大和ミュージアム)

日本が開戦に至った経緯

日米関係のさらなる悪化

1931(昭和6)年の満州事変以来、中国大陸をめぐって日米関係は急速に悪化。1937(昭和12)年、いわゆる日中戦争が始まると、同年7月26日、アメリカは日米通商航海条約の廃棄を通告。軍需物資面で日本側の大打撃となるものであった。

1940(昭和15)年9月25日、フランスの敗北を受けて25,000人の日本軍が北部フランス領インドシナに進駐、その5日後には日独伊三国同盟が調印され、アメリカの対日感情は一気に悪化。その後、日本は関係改善を図るために様々なルートでアメリカとの交渉にあたったが、1941(昭和16)年7月28日、日本がフランス領南部インドシナに進駐したのを受け、アメリカは在米日本資産の凍結、石油の対日全面禁輸を実施。イギリス、オランダもこれに追随し、日本への経済封鎖は深刻化した。その後、日米交渉のなかでアメリカ側は「ハル・ノート」を通告。それは日本を満州事変以前の状態に戻すというものであり、当時の日本には受け入れられないものであった。日本政府はこの要求を拒《こば》み、1941(昭和16)年12月、日米開戦の火蓋《ひぶた》が切って落とされたのである。

日独伊三国同盟調印式　1940(昭和15)年9月
提供/アメリカ国立公文書館

フランス領南部インドシナへ進駐　1941(昭和16)年8月
日本軍は、マレー半島快進撃に備えて自転車部隊を新設した

真珠湾攻撃を皮切りに、大東亜戦争始まる

アメリカ軍の飛行場となっていたフォード島
1941（昭和16）年12月8日

真珠湾を攻撃した日本海軍の特殊潜航艇「甲標的」
（ハワイ・オアフ島）1941（昭和16）年12月
提供／アメリカ国立公文書館

真珠湾内の米海軍施設を攻撃するために5艇の「甲標的」が10名の乗組員とともに投入された。捕虜1名を除いて9名は戦死。彼らは「九軍神」として讃えられた
提供／アメリカ国立公文書館

さらに南方へ進出

1941（昭和16）年12月8日、日本海軍は米海軍太平洋艦隊の基地であるハワイ・オアフ島の真珠湾を攻撃。ここに、大東亜戦争が始まった。さらに、日本軍はイギリスの植民地だったマレー沖でイギリスの東洋艦隊を撃破。香港、マニラ、ニューブリテン島のラバウル、シンガポール、ジャワ島の首都バタビア、ビルマのラングーンを次々に占領するなど、南方への進出を推《お》し進めた。

マレー沖海戦で轟沈する英国海軍戦艦「プリンス・オブ・ウェールズ」
1941（昭和16）年12月10日
日本海軍は史上初の航空機による航行艦攻撃でこの海戦に勝利したが、このとき、最新鋭の戦艦をも轟沈させた航空機の優位性を、後の主戦力にしようとはしなかった

国家総動員法を受け、学徒出陣へ

1938（昭和13）年4月に制定された国家総動員法を機に、物資・労力・資金などが軍需生産に充てられることになり、生活必需品は配給制になった。さらに、新聞や出版は掲載内容が制限され、教育や思想も統制を受けるなど、国民生活は次第に戦時色を増していった。1943（昭和18）年10月には、いわゆる「学徒出陣」が始まり、卒業まで徴兵が猶予《ゆうよ》されていた学生のうち、20歳に達した学生は学業半ばで戦場に赴《おもむ》いた。翌年には徴兵適齢が19歳に引き下げられ、多くの男子学生や女子学生も軍隊や軍需生産に動員された。「国家存亡のとき、学生もペンを捨てて入隊せよ」との命令により、戦地に赴いた学生は十数万人にのぼる。

食料品の配給　1943（昭和18）年10月
野菜も登録制となり、数日に一回の配給では八百屋の店先に長い行列ができた

学徒総出陣の日　明治神宮外苑競技場　1943（昭和18）年10月21日
雨の神宮外苑での壮行式に、出陣する学徒25,000人、見送りの女子学生他約50,000人の若者が集まった。東條首相の訓示、出陣学生代表の答辞、「海ゆかば」の大合唱で幕を閉じた。この壮行式に出席した出陣学生のうち、3,000人以上が戦死したといわれている

ミッドウェー海戦で攻撃され回避行動をとる空母「赤城」
1942（昭和17）年6月5日
米軍の攻撃により、日本海軍は主力空母4隻すべてが沈没し、真珠湾攻撃以来の精鋭搭乗員多数が戦死。大小含め参加艦艇200隻を超える日本海軍始まって以来の大作戦は惨敗に終わった
提供／アメリカ国立公文書館

ミッドウェー海戦で日本海軍航空部隊の攻撃を受ける米空母「ヨークタウン」
1942（昭和17）年6月5日
損傷したヨークタウンは駆逐艦で曳航されたが、ハワイに帰航中、伊号第168潜水艦の魚雷により沈没した

ミッドウェー海戦敗北を転機に、戦局が悪化

後退の道を進む日本軍

1942（昭和17）年6月、日本海軍連合艦隊は北太平洋のミッドウェー諸島沖で米機動部隊の攻撃を受け、空母4隻が沈没。この敗北を転機に、物量・質とも日本軍を圧倒する米軍の反抗が本格化し、同年8月には日本軍が飛行場建設を行っていたガダルカナル島が陥落《かんらく》。航空機や搭乗員の大半を失ったほか、多くの輸送船が撃沈されるなど大打撃を受けた。翌1943（昭和18）年2月にはガダルカナル島を撤退《てったい》、さらに翌年の1944年（昭和19）2月にはトラック島が陥落。6月にはマリアナ沖海戦で敗北し、サイパン島の日本軍守備隊約3万人が玉砕《ぎょくさい》した。こうして、日本軍が後退の道を進むにつれ、日本本土が攻撃にさらされることになった。同年11月にはマリアナ基地のイスレイ飛行場から発進した米軍大型長距離爆撃機B29、111機が東京を空襲。日本の中心部が直接攻撃されるようになった。空襲による都市の壊滅とともに、日本は抗戦能力を急速に失っていったのである。

トラック島を空襲する米軍機　1944（昭和19）年2月17日
在泊中の軽巡洋艦「香取《かとり》」「那珂《なか》」が沈没、船舶30隻以上と、航空機270機以上を失い、重油タンクなどの基地施設が破壊された
提供／アメリカ国立公文書館

ソロモン諸島のガダルカナル島に12,000名の米軍が初上陸
1942（昭和17）年8月7日
補給路を断たれた日本軍はジャングルに逃げ込み、完成間近であった飛行場は米軍の手に落ちた。翌年2月の撤退までに2万人以上が戦死、うち1万数千人は飢餓《きが》と疾病によるものであったという
提供／アメリカ国立公文書館

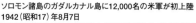

制空権・制海権を奪われ、特攻作戦に突入

航空機や特殊兵器で体当たり攻撃

制空権・制海権を奪われた日本が連合国軍の本土上陸を阻止するために唯一残された方策が、自らの生命を犠牲にして爆弾や爆薬と共に敵に体当たりする「特攻」だった。20歳未満の少年たちを含む数多くの若者が、祖国と家族らを守るために「特攻隊」に志願し、航空機・水上艦艇・潜航艇（「回天」）などによる突撃で、陸海軍合わせて1万人以上の尊い命が失われた。

激しい対空砲火により墜落する神風特別攻撃隊「菊水隊」の艦上爆撃機「彗星」
1944（昭和19）年10月25日　提供／アメリカ国立公文書館

米海軍戦艦「ミズーリ」の甲板に突入寸前の特攻機
1945（昭和20）年4月11日
航空特攻、海上・水中特攻による米海軍艦艇の損害は、合わせて沈没31隻、損傷279隻とされている
提供／アメリカ国立公文書館

米海軍軽巡洋艦「コロンビア」に突入する神風特別攻撃隊
1945（昭和20）年1月6日　提供／アメリカ国立公文書館

戦艦「大和」率いる第二艦隊の壊滅

1945（昭和20）年3月26日、米軍が沖縄の慶良間《けらま》列島に上陸すると、航空機、艦艇による「天一号作戦」が発動。4月5日、戦艦「大和」を旗艦とする第二艦隊の出撃が決定した。米軍の水上艦艇と交戦後、最後は沖縄の陸岸に乗り上げて陸上砲台となり、乗組員は陸戦隊として突入せよという「海上特攻」作戦であった。この戦いで、第二艦隊は沖縄到着を前に「不沈艦」と言われた世界最大の戦艦「大和」を失い壊滅した。

沖縄特攻作戦で多数の米軍機の攻撃を受け沈没する世界最大の戦艦「大和」
1945（昭和20）年4月7日　提供／アメリカ国立公文書館

黒木大尉と仁科中尉、運命の出会い

特攻に身を投じる青年士官が自ら考案

広島県倉橋島大浦崎の「甲標的」基地（P基地）にて。右から3人目が黒木博司中尉（当時）。「甲標的」艇長教育に際し、指導官である篠倉冶中尉（左から2人目）が説明している写真と思われる

驚異的な性能を誇る九三式魚雷を改造

これまで、本土の外に戦場を求めてきた日本でも、いよいよ本土決戦が想定される戦況となってきた。神州不滅を信じ、一度も本土を侵略されたことのない日本にとって、それは耐え難い事であった。古来からの国体護持の思想からも、国土は何としても守らなければならないという気運が高まった。その先頭に立ち、敵に立ち向かうのが、国土防衛を強く願う若者であった。

第九期潜水学校普通科学生の教程を終了した仁科関夫少尉（当時）は、1943（昭和18）年10月15日、呉軍港に隣接する倉橋島東北端の大浦崎にある呉海軍工廠《こうしょう》魚雷実験部（P基地）に甲標的《こうひょうてき》（特殊潜航艇）の艇長講習員として赴任。1年先輩の黒木博司中尉（当時）の部屋で寝起きを共にすることになった。その約半年前から、甲標的の改善や艇長としての修練に全力を注いできた黒木中尉は、戦局が悪化するなか、何か画期的な新兵器、新戦法はないかと思案していた。そんな折での運命的な出会い。互いの考えが一人千殺の人間魚雷に及んだのは、必然の結果だった。

ふたりの目が期せずして向けられたのが、日本海軍が世界最優秀の魚雷として誇っていた、高圧酸素が原動力の九三式魚雷。頭部に500kgの炸薬を持ち、50ノットの速力で射程距離22km、36ノットで40kmという驚異的な性能を持っていた。そのうえ、原動力として純酸素を使用することで、排気ガスのほとんどが水蒸気であるために海水に吸収されて無航跡となり、発見されにくいという利点があった。しかし、敵がレーダーを活用し始めたころからその特長が生かせなくなり、さらに航空機の発達により艦隊決戦での出番がほとんどなくなり、軍港の兵器庫に何百本と眠っていた。これらを改造して、自らが操縦して体当たりする魚雷を完成しようというのである。

人間魚雷の研究がものになる見込みが立つや、兵器に採用してもらうために設計図と意見書が軍務局担当官に届けられた。しかし、「必死」を前提とする兵器は採用できないと却下された。1943（昭和18）年12月28日、ふたりは人間魚雷の青写真を携《たずさ》えて上京。軍令・軍務の担当者を説得して回っただけでなく、時の海軍大臣嶋田繁太郎大将にまで強く訴えた。その後、戦況はますます悪化し、1944（昭和19）年2月17日、敵の大機動部隊による日本海軍最大の基地トラック島への攻撃で、前進根拠地としての機能を喪失。同月26日、仮称「人間魚雷」は、魚雷設計の権威・渡辺清水技術大佐の下、呉海軍工廠魚雷実験部で3艇の試作が極秘に命じられた。

呉沖の大入にて航走実験中の「回天一型」試作1号的《てき》
（甲標的と同様、回天も「的」と称した）

黒木大尉を乗せた「回天」試作1号的

黒木博司大尉

大正10年9月11日、岐阜県益田郡下呂村湯之島で誕生。昭和13年12月1日、海軍機関学校の第51期生として入学、海軍生活の第一歩を踏み出した。教育内容は、海軍機関科将校に必要な学術教育や精神教育、肉体の鍛錬などなま易しいものではなかったが、黒木青年は常に先頭に立って、あらゆる訓練に努めていた。昭和16年1月15日、同校を卒業。海軍機関少尉候補生となり、戦艦「山城」に着任した。昭和17年夏、潜水学校普通科学生に採用。最初から甲標的（特殊潜航艇）の搭乗員になることを熱望し続けた。同年秋、倉橋島の大浦崎にある呉海軍工廠魚雷実験部分工場（P基地・甲標的訓練部隊、水中特攻戦隊の前身）に赴任。艇長としての修練と甲標的の改良に努めた。甲標的の訓練は、常に殉職を覚悟していなければならないものだった。昭和19年3月、大尉に進級。

仁科関夫中尉

大正12年4月10日、大津市鹿関町で誕生。昭和14年11月5日、海軍兵学校に合格。文武両道に秀《ひい》でた海軍将校、世界のどこへ出しても恥ずかしくない紳士になるためにあらゆる武技や体技を修得したほか、しつけ教育や精神教育も受けた。兵学校では、精魂尽き果てるかと思われるまでの猛訓練を年に数回実施。厳島の弥山、江田島の古鷹山登山競争、兵学校沖から厳島北端までの宮島遠漕競技などを通じて、自らをきびしく鍛えた。昭和17年11月14日、同校を卒業。海軍少尉候補生となり、戦艦長門乗り組みを命じられた。それから2カ月後、航空母艦瑞鳳《ずいかく》に乗り組み、この艦で約半年間勤務した。かねてから真珠湾奇襲の九軍神に続きたいと熱望していた彼は、昭和18年6月1日、潜水学校普通科学生に被命。潜水艦要員になるための教育を受けた。昭和19年3月、中尉に進級。

脱出装置は基地に置いてゆく

ところが、この試作命令にはふたりの考案にはなかった脱出装置の設置が明示されていた。日本海軍では東郷元帥の遺訓を受けて、創設以来、隊員が生還する道のない「必死」の作戦や兵器は認めない、とされていたからである。これには精鋭の技術陣も頭を抱え、試作はハタと行き詰まり、月日だけが過ぎ去った。一度は海軍大臣嶋田繁太郎大将から中止が命じられたが、その後、脱出装置を付けることを前提に製造の許可が下りた。しかし、黒木大尉、仁科中尉のふたりは「脱出装置の組み込みは回天の性能を著しく低下させ、実戦部隊が要求する兵器とは程遠いものになる」として、真っ向から反対。仁科中尉は「脱出装置をつけるならば、お付けになって結構です。その代わり、私たちは出撃するとき、そいつを基地に置いて出て行きますから」とキッパリ言い切った。結局、彼らの熱意により、脱出装置のないまま、1944（昭和19）年7月下旬に有人試験航走を実施することとなった。

同年7月末日、呉海軍工廠魚雷実験部で開かれた審議会では、最大の難点であった安全潜航深度80mとする問題も潜水艦側の発言で了承された。同年8月1日、㊅金物は制式兵器として採用され、黒木大尉の発案により「回天」と名付けられた。「天を回《めぐ》らし戦局を逆転させる」という意味である。

「回天」2号的。訓練用であるが上部はまだ白く塗装されていない

出撃した回天にはすべて、楠正成の紋である菊水の印が描かれていた

諸子ノ如キ元気溌剌《はつらつ》且《かつ》攻撃精神特ニ旺盛ナルモノタルヲ要ス

回天搭乗員募集に際して発表された文書より

生還の望みはないと知りながら、新兵器への搭乗を志願した若者たち

回天搭乗員の募集が始まったのは、1944（昭和19）年7月初旬であった。「㊅金物」の秘匿名で、試作3基の最終テストが行われ、正式に兵器に認定される約1カ月前のことである。

まず、長崎県川棚の水雷学校臨時魚雷艇訓練所で教育を受けていた第1期魚雷艇学生（兵科3期予備学生）の中から、14人が選出された。選抜基準としては、同年5月末に行われた甲標的艇長要員の志願者募集時に「身体強健にして攻撃精神旺盛な者、志操堅固にして良く任務の遂行に耐え得る者、家庭環境健全にして後《こう》顧《う》の憂《うれ》い無き者」という3項目の基準があり、その時の志願者から再度選抜された。さらに第2期魚雷艇学生（兵科4期予備学生・1期予備生徒、いわゆる学徒出陣組）として川棚にいた者から甲標的・特殊兵器要員各50名の志願者募集が8月末に行われた。また、この頃大量募集され卒業を控えていた甲飛13期予科練習生を受け入れる予定の飛練航空隊はその余裕がなく、燃料不足で訓練もままならない状況であったため、「㊅兵器（水中）要員募集」が土浦航空隊、三重航空隊奈良分遣隊、滋賀航空隊を対象に行われた。募集にあたり、各航空隊では、在隊者が格納庫や練兵場などに集められた。入り口は番兵が銃を構えて厳しく警戒し、関係者以外は班長・下士官でさえ、一切接近することができなかった。

募集の方法は、紙片を渡され、熱望する者は◎、希望者は○、希望しない者は無印で、分隊、班、氏名を書いて5分以内に提出せよ、というものであった。予備学生等は数時間、考慮する時間を与えられたようであるが、他人と相談することは禁止されていた。予科練では司令以下、通常はほとんど接することのない高級士官が並ぶ中で行われた。募集にあたっての説明は、「1、今や、敵の反撃は随所に熾烈を極め、戦局は急激に緊迫、真に皇国興廃を決するの秋至れりと言うべし。この秋にあたり、我が海軍においては有力なる特種兵器をも使用し、この驕敵《きょうてき》粉砕し国防の重責を全うせんとす。右特種兵器は挺身《ていしん》肉弾一撃必殺を期するものにしてその性質上特に危険を伴うものなるが故に諸子の如き元気溌剌且攻撃精神特に旺盛なるものたるを要す。2、選抜せられたる者は概《おおむ》ね3カ月から6カ月間、別に定められたる部隊にて教育訓練を受けたるうえ、直ちに第一線に進出する予定なり。3、本兵器の搭乗員となりたる者の身分待遇はすべて航空機搭乗員と同格またはそれ以上に取り扱う。　備考　兵器名は示さざるを要す。」という以上には何もなく、どんな兵器なのかも推量することしかできなかった。

予科練に入隊するまでは華やかな海軍航空士官への憧れを持ち、「死」というものが身近には感じられなかった彼らも、9カ月にも及ぶ厳しい予科練生活のなかで、概念的には死を意識するようにはなったものの、飛練空の教程が終了するまでには時間があり、その先の進路がまだ残されていた。それが、新兵器要員に選抜された途端、半年後には戦場が迫り、死に直面せざるを得なくなったのである。予科練からの募集に際しては、新兵器は航空機よりもさらに危険なことが付け加えられた。「裸眼視力1.0以上にして身体強健かつ船に強き者、水泳不能者は選抜せざるものとす。理解力、判断力および決断力の秀でたる者。後顧の憂い無き者」他に、「兄弟無き者は特別の者以外、なるべく避くる事」との通達があった。各航空隊、予科練においても9割の者が◎を書いた。中には余白に「一死以《もっ》て君恩に報いん」と大書したり血判を押すものもいた。赴任先の基地で真っ黒の新兵器と対面した際、航空機に似たものを想像していた者たちから、やや落胆の声も呟かれたが、大半の者が「これに乗って祖国を救うしかない」と固く信じたのである。

兵学校・機関学校出身の士官は、全て命令によって選抜された。終戦までに搭乗要員として着任した者は海軍兵学校89人、海軍機関学校32人、兵科3期予備士官22人、兵科4期予備学生・1期生徒予備士官138人、5期予備学生・2期生徒予備士官50人、水雷科下士官9人、甲飛13期予科練生935人、乙飛20期予科練生100人で、総計1,375人に及んだ。

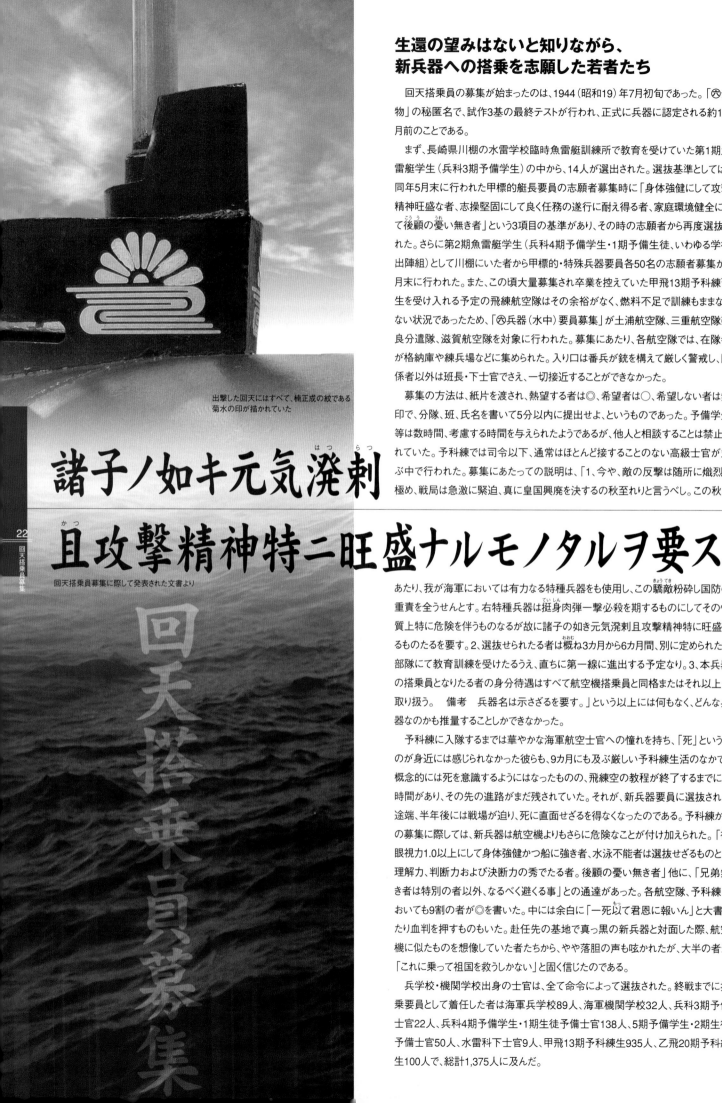

回天基地開設

人間魚雷訓練の拠点として4基地を開設

「回天」の兵器採用決定と同時に、呉海軍工廠に対して回天の急速生産命令が発せられ、搭乗員募集の傍《かたわ》ら、整備員の訓練と戦闘準備が急がれることになった。特殊潜航艇要員の教育・訓練で手一杯のP基地では、「回天」隊を訓練する余裕はなく、新たに山口県中部瀬戸内海を囲むように4つの「回天」訓練基地が配置された。

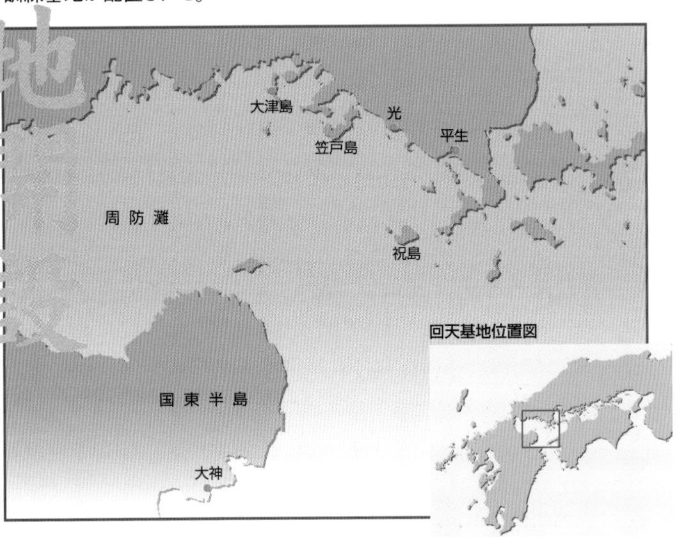

大津島回天基地

■開隊日　昭和19年9月1日
■訓練開始日　昭和19年9月5日

大津島《おおづしま》、光《ひかり》、平生《ひらお》、大神《おおが》の各基地で「回天」の猛訓練を開始

1944（昭和19）年9月1日付けで、徳山湾に浮かぶ大津島に「回天」の訓練基地（第一特別基地隊　第二部隊）が開設された。ここには呉工廠水雷部の魚雷発射試験場のほか、それに付属した魚雷調整工場も整備されていて、回天の訓練に好都合だった。訓練および出撃の回天組み立て・調整を行う要員としては、全水雷科員から九三式魚雷に経験のある有能な人材が送り込まれた。同年11月、大津島回天基地で回天の訓練が始まって2カ月後、ウルシー泊地とパラオ攻撃のために「菊水隊」が編成され、出撃。その後、手狭になったことから、ほかにも訓練基地を開設することになった。

同年11月25日、同じ山口県内の光海軍工廠の隣に光回天基地を設置。第一特別基地隊第四部隊が開隊した。1945（昭和20）年3月1日、部隊が再編され、第一特別基地隊を解編。光基地が第二特攻戦隊光突撃隊となり、大津島回天基地は光突撃隊大津島分遣隊となった。同日、山口県熊毛郡平生町の大竹潜水学校柳井分校内に回天基地、平生突撃隊が開隊され、同年4月17日より平生湾で訓練が開始された。こうして、阿多田半島から徳山沖の山口県中部瀬戸内海沿岸は、人間魚雷の訓練水域となった。平生回天基地で訓練が始まった1週間後の4月25日、大分県速見郡日出町に大神回天基地を開設。大神突撃隊が開隊され、5月23日、別府湾を訓練海域として訓練が始まった。

光回天基地

■開隊日　昭和19年11月25日
■訓練開始日　昭和19年12月1日

平生回天基地

■開隊日　昭和20年3月1日
■訓練開始日　昭和20年4月17日

大神回天基地

■開隊日　昭和20年4月25日
■訓練開始日　昭和20年5月23日

現在の平生訓練海面（大星山より）

立ち入りを厳しく制限された大津島基地

大《おお》津《づ》島《しま》基地

［山口県周南市（旧・徳山市）］

突貫工事で居住施設を建設

大津島基地は基地開設の決定から開隊までわずかな日数しかなく、居住施設は突貫工事でようやく間に合った。本部宿舎1階の、海に近い広い一室が士官室とされ、会議室などを兼用し、南側には幹部士官用の長い食卓が置かれていた。2階に上がってすぐ前には士官搭乗員の事務所があり、集会所的な形で利用された。室内には、天板を上げ下げして物を出し入れする様式の学習机10台ほどを配置。搭乗員たちが何通もの遺書を書いたのも、終戦直後に回天の中で自決した橋口寛大尉が出撃を嘆願する血書を書いたのも、この机だった。その隣には畳敷きの士官搭乗員居室が並んで配置されていたほか、指揮官室、先任将校室、大部屋、大広間もあった。

本部から一段上に造成された平地には、第13期甲種予科練習生出身の下士官搭乗員たちが居住する宿舎があった。建物は木造で、多いときには150人ほどが入居していたという。その前面の広場は練兵場と呼ばれ、さまざまな運動や競技などのほか、出撃前の短刀伝達式も行われた。

発射場の訓練用回天一型

調整場跡地から旧兵舎を望む

調整工場で回天の整備に使用されていたクレーン（周南市に現存）

左から、帖佐中尉、加賀谷中尉、仁科中尉

樺島での基地発進訓練

徳山湾沖に浮かぶ面積4.73km^2の島

周南市（旧・徳山市）内の南西約10kmの沖合に浮かぶ、面積4.73km^2の小さな島。ほとんどが山地の丘陵状の島で、1937（昭和12）年に九三式魚雷の試験発射場が建設された。以来、桟橋の近くには「海軍大臣の許可なき者、立ち入りを禁ず」の高札が立てられ、島への立ち入りが厳しく制限されていた。対岸の周南市（旧・徳山市）内の山手には、毛利家邸宅を利用した休憩所「初桜荘」があり、隊員たちが1945（昭和20）年以降、上陸の折に立ち寄っていたという。また、「松政旅館」では出撃前の壮行会が行われていた。徳山湾の北側に並ぶ黒髪島と仙島の間には小さな砂浜が広がり、隊員たちが貝掘りなどを楽しんだという。

夕陽に浮かぶ現在の大津島 魚雷発射試験場跡

景勝の地に広がる大規模な光基地

光《ひかり》基地

［山口県光市］

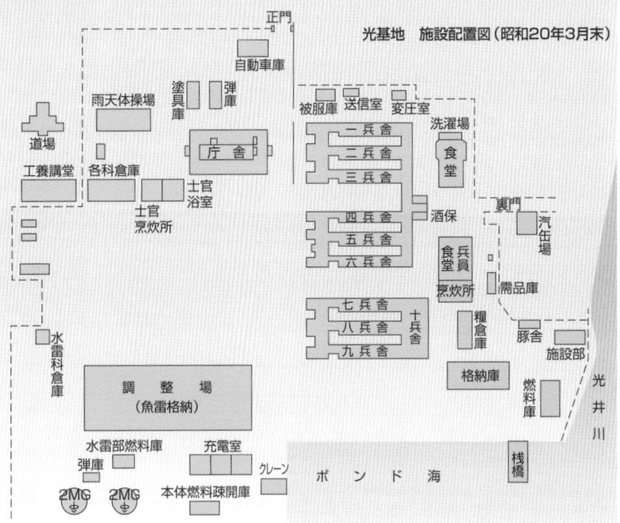

工員養成所に基地を開設

光基地には、光海軍工廠《こうしょう》の南東に建つ工員養成所が充《あ》てられた。2階建ての庁舎には本部が置かれ、事務室、教室、講堂、士官居室、医務室などを配置。兵員居住区は、養成工員が使用していた木造2階建ての宿舎が充てられ、南北に幾棟も並ぶ宿舎の東側には食堂があった。居室の定員は1室8人で、部屋の両側に2段ベッドが2つずつあり、真ん中には2列に並んだ机とイスが8脚並び、荷物はベッドの下の引き出しや天袋に収めるようになっていた。

庁舎の南側、練兵場を隔てて魚雷調整場と魚雷発射場があり、魚雷調整場と工廠はパイプやレールで連結され、回天の移動や酸素空気の送気を行っていた。魚雷発射場は魚雷調整場とレールで連結し、天井には走行クレーンを設置。岸壁に突き出た状態で、回天の上げ下ろしができるようになっていた。また、防波堤の代わりに廃艦がつながれていたという。魚雷調整場の南は埋め立て地を経て海が広がり、その南には祝島や小祝島を望み、東は白砂青松の虹ケ浜を経て、峨嵋山がそびえる室積半島が張り出している。西の海域は大水無瀬《おおみなせ》島と小水無瀬《こみなせ》島の2島が連なり、工廠埋め立て地との間に狭水道を造り出していて、格好の訓練海域だった。

武田薬品で使用中であった頃の光突撃隊庁舎
（正面玄関は既に改修後・現存せず）

食堂跡

光井川東方より発射場・兵舎・烹炊場方面を望む

基地発進試験終了記念

子犬「回天」を抱いた三谷大尉

子犬「回天」と共にくつろぐ新村二飛曹（左）・浅田中尉

光　訓練コース

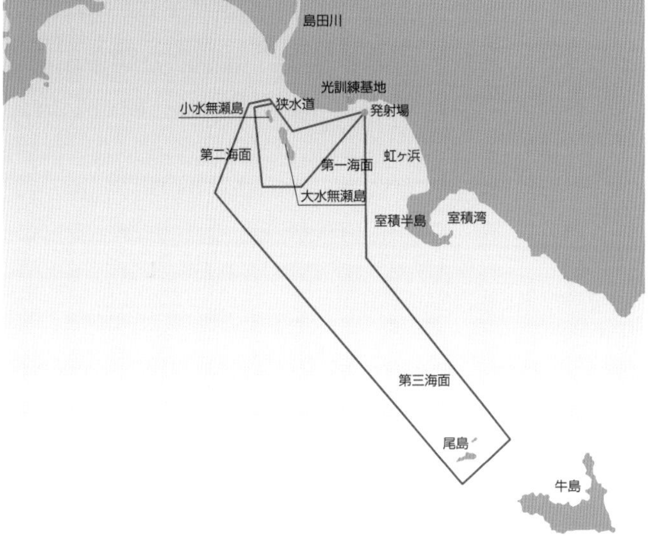

基地周辺は古くからの港町

基地の東にある室積は古くからの港町で、峨嵋《がび》八景と称される景勝地・室積半島は一日行軍のコースだった。大峨、中峨、小峨と呼ばれる峰が岬の先端にそびえる峨嵋山につながり、その岬の先端にはクサフグの産卵地として知られている象鼻岬が突き出し、室積《むろずみ》湾を囲んでいる。この港町には、かつて仁科関夫中尉の父が校長として勤務していたという女子師範学校があり、仁科中尉も幼少時代をここで過ごした。

光基地訓練海域
正面は大水無瀬島（左、中）、小水無瀬島（右）

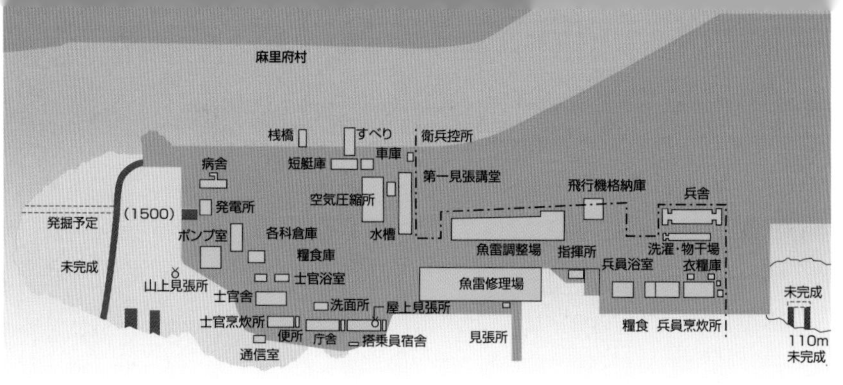

平生基地　施設配置図（昭和20年4月9日）

のどかな風景に囲まれた平生基地

平《ひら》生《お》基地

［山口県熊毛郡］

大竹潜水学校柳井分校の建物を利用

平生基地は、1945（昭和20）年3月1日、山口県の平生湾入り口の阿多田《あただ》半島にある、大竹潜水学校柳井分校を利用して開設された。細長い敷地の中央部には板塀があり、北側に潜水学校および特殊潜航艇「蛟龍《こうりゅう》」「海龍《かいりゅう》」、南側には「回天」の訓練基地があった。中央部には魚雷調整場や魚雷修理場といった施設を置いた。半島の先端にはトンネルが掘られた。

指揮所前クレーン下にて（終戦後）

平生基地通信室跡

平生基地跡

指揮所前で記念撮影（終戦後）

調整場内の回天にて（終戦後）

見張所にて

平生　訓練コース（襲撃訓練の航跡実例）

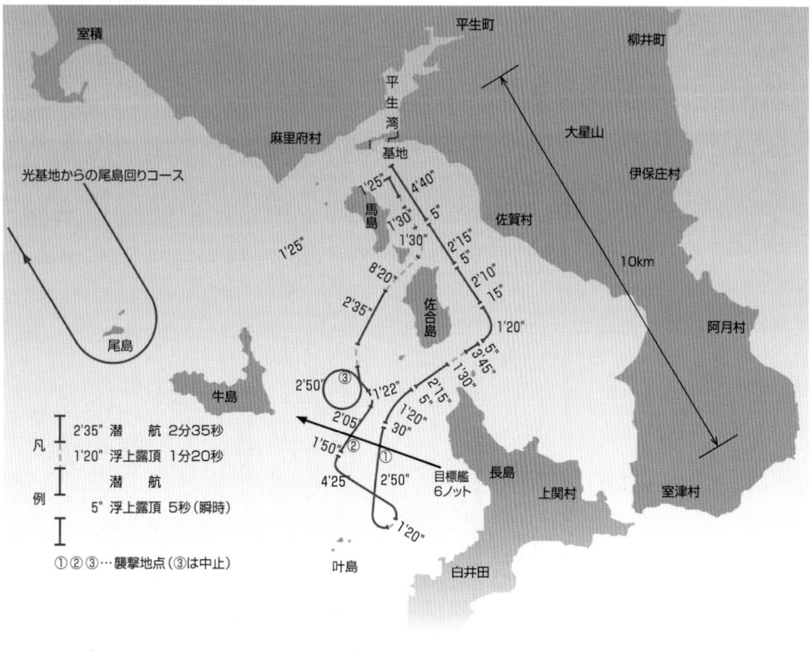

瀬戸内海の多島美に抱かれた阿多田地区

基地のある阿多田地区周辺は、温暖で雨が少ないため、江戸時代から塩業が盛んに行われていたという。また、昔から海上交通の要衝として栄えた所でもある。その証として、神花山古墳をはじめとする多くの古墳が発掘されている。阿多田半島からは瀬戸内海に浮かぶ島々が望めるほか、遠く国東《くにさき》半島の山峰も一望。その景観の美しさは地元、平生町出身の俳人、久保白船も絶賛している。

阿多田半島の先端から
訓練海域を望む。正面は馬島

「海龍」「震洋」なども配備予定だった大神基地

大《おお》神《が》基地

［大分県速見郡］

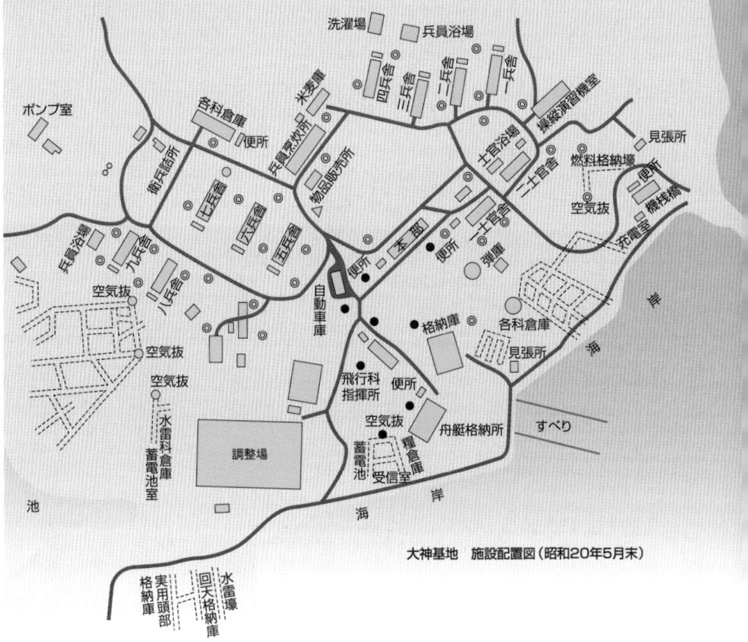

大神基地　施設配置図（昭和20年5月末）

1年2カ月の工期をかけて建設

1944（昭和19）年2月、国東半島の一角、別府湾を望む大分県速見郡日出《ひじ》町牧の内に大神基地を起工。領有面積は約25ヘクタール。最初は造船所として発足したものだが、その後、特攻基地に急転換。建設期間1年2カ月を費やし、翌年の4月20日に竣工し、5日後の25日に開隊した。基地の規模は、舎屋51棟、魚雷調整場2棟、多数の地下壕、縦横に走るレールなど大がかりなものだった。ここには回天のほかに、特殊潜航艇「海龍」、敵艦に群れをなして体当たりするモーターボート「震洋《しんよう》」の配備が予定されていた。まさに、「海の特攻機」基地である。約700人の隊員は基礎訓練を積んだ後、同基地は、ほかの3基地に比べ海域に変化が乏しく、狭水道通過訓練ができなかったことから、大津島基地へ1週間ほど出向いて仕上げ訓練を行った。

開隊式後の士官搭乗員

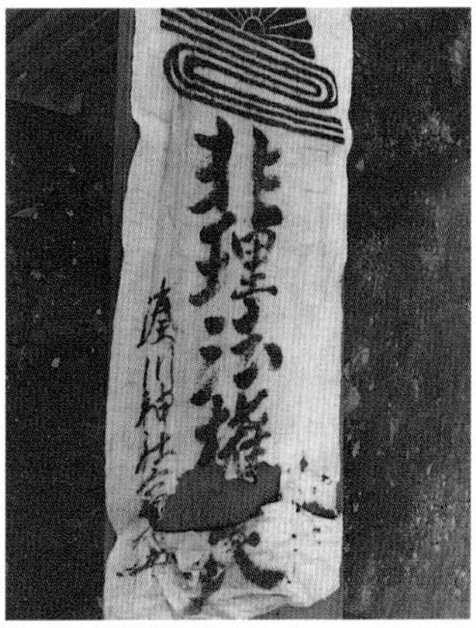
回天神社創建時湊川神社より拝受の非理法権天旗

開隊式場の回天神社と庁舎

大神基地跡に建てられた回天神社

基地跡と住吉神社の杜

大神　訓練コース

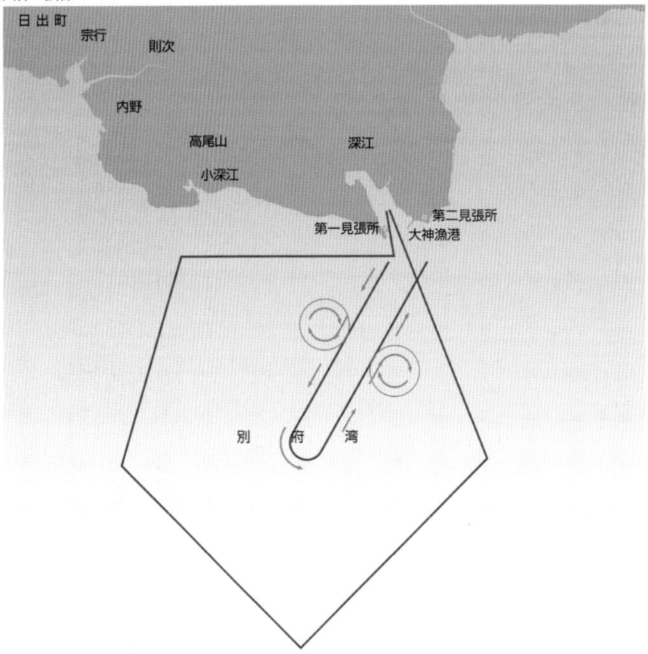

基地跡に残る幾つもの岩穴

大神基地があった深江港には天然の良港があり、かつてこの港口の台地には深江城が築かれていた。現在、城の跡地は住吉神社の境内になっていて、本殿の脇には回天神社が祀られ、回天の模型が奉納されている。また、回天基地跡には回天格納用地下壕《ごう》、実用頭部格納壕などといった幾つもの岩穴が残っている。

別府湾に面した深江港から
訓練海域を望む

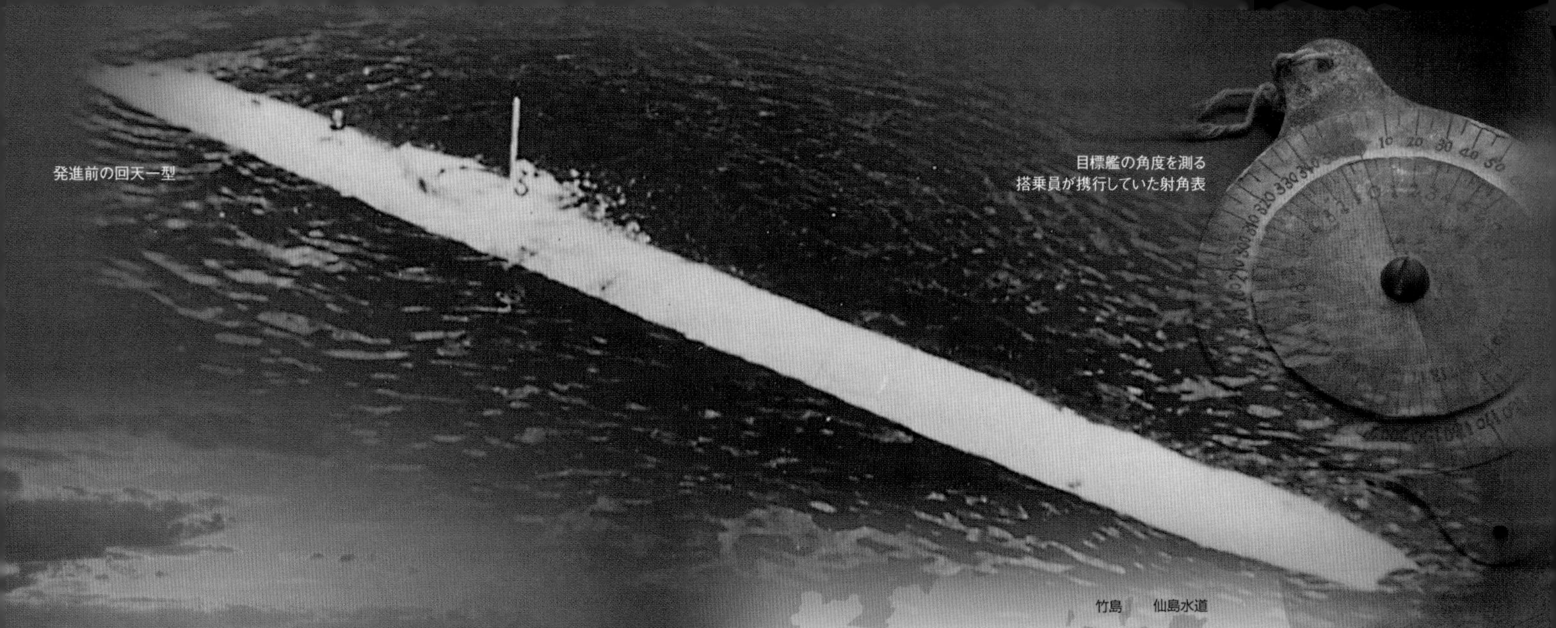

発進前の回天一型

目標艦の角度を測る
搭乗員が携行していた射角表

大津島に残る魚雷発射試験場跡

大津島基地での
厳しい搭乗訓練

試作艇3基で搭乗訓練をスタート

大津島基地が開設された1944（昭和19）年、軍令部は8月中に100基の回天を生産せよという緊急至上命令を出した。しかし、9月に入り、訓練が開始されたころ、搭乗訓練に使用できる回天はまだ3基しかなく、それもすべてが試作艇だった。回天に改造される九三式魚雷は、純粋酸素の通り道に油分などの異物が少しでも残っていると爆発する、極めて危険な代物。したがって、訓練に使用するごとに分解手入れして、再度組み立てなければならないことから、たった3基では1日に2基の訓練が限度だった。熟練した水雷科の特務士官たちでさえ通常1週間は要する整備作業を、1日半で終えるという無理を強《し》いられた。基地の整備責任者として選ばれたベテラン整備長・浜口米市大尉は、どの工程を手抜きしないで、どの工程を省くか、的確な技術的判断と大変な努力を迫られた。

5つの訓練コースで操縦技術を習得

操縦訓練の場として使用する大津島周辺の海面は、訓練の内容、難易度によって区分されていた。最初の操縦訓練は、波の穏やかな徳山湾内の第1訓練水域で各自1回だけ行われた。魚雷調整場のクレーンで回天を海面に下ろし、横抱《よこだき》艇により防波堤の外に出た後、機械を発動する。第1回の搭乗訓練は湾の奥に浮かぶ蛇島《さじま》方向への片道5,000mの直線航路を、潜航と浮上航走を繰り返しながら往復するという訓練だが、後には浮上航走のみの片道3,000mに短縮され、速力も7ノットに制限された。この初回の搭乗訓練は、装置の正確な操作、特眼鏡による観測法、航走感覚などを得るのに重要であった。

2回目の訓練からは、湾外の周防灘に面した魚雷発射場から発進した。魚雷調整場で整備を終えた回天はトロッコに乗せられ、トンネルを通り抜けて発射場へ運ばれた。ここで搭乗員が乗り込み、電動縦舵機の示度をレールの真方位の162度に合わせて発動。ハッチを閉めた後、デリックで吊り上げられ、岸壁と並行に保ちながら海面に着水する。横抱艇により発射場まで移動し、

調整場から発射訓練基地へ回天を運んだトンネル跡。
トロッコのレール跡が残る

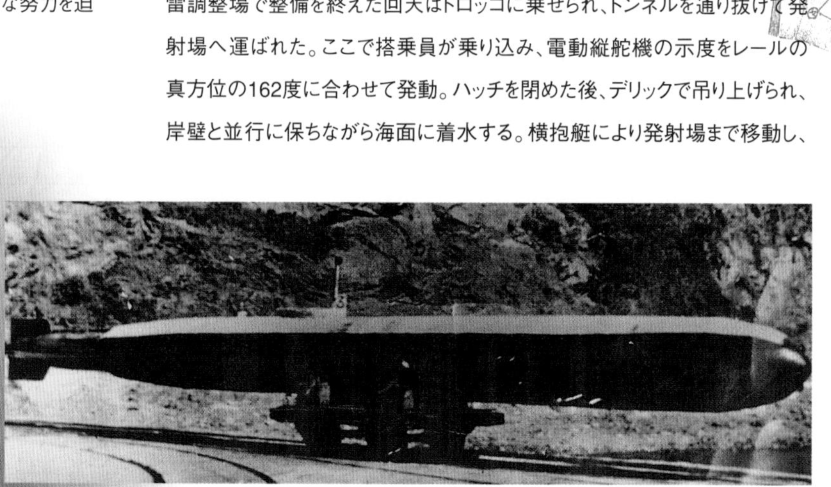

発射場の訓練用回天一型

発射場で海面に下ろされる訓練用回天

回天の爆破実験

回天の針路を252度に設定。横抱艇の上に立つ掌《しょう》整備長がハンマーで艇を叩《たた》いて「発進」の合図を送ると、約10秒後に搭乗員は操縦席で後ろを向き、発動鋅を力いっぱい押して機械を発動、発進した。このときの設定は、当初の訓練のたびにいろいろと条件を変えて実験した結果、速力は確実に熱走する20ノット、深度は5m、予備浮力は100kgと決められていた。

「第2訓練海面」は馬島と洲島を左に見て旋回し、徳山湾入り口の灯台のある岩島との間を通過して湾内に入るコース。「第3訓練海面」は野島諸島を1周するコースで行われた。回天の速力や旋回圏などの性能試験は通常、この海域で実施された。「第4訓練海面」は大津島の北端を回って戻るコース。狭い箇所が幾つかあるうえ、小さい島や低い岬、水面下に隠れた岩などの障害物が多いことから、浮上、潜入を頻繁《ひんぱん》に繰り返しながら航走しなければならず、狭水道通航の訓練には絶好の場だった。

搭乗員はこの狭水道通過訓練に臨む前に、各自が最適の進路を選び、海図上に予定航路を記入した。速力は通常、12ノットに設定し「何分何秒間潜航して浮上、どの目標を真方位で何度方向に見て変針するか」「水中障害物を避けるには、どの物標を何度に見て操縦するか」などといった細心の航海計画を立てた。航走するにつれて酸素を消費し、浮力が大きくなることから、潜航中はときどき海水バルブを操作し海水をタンクに注水し、浮力を調整しなければならなかった。そのため、深度5mで何秒間注水するかをあらかじめ計算し、海図に書き込んでおいた。「第5訓練海面」は徳山湾の外、周防灘の北部の海面で、潜水艦からの発進と航行艦襲撃訓練が行われた。

毎日「研究会」が行われ、その日の訓練内容について厳しく評価された。こうした訓練のほかにも、回天の機構・調整法・操縦法などの講義、回天整備実習、追躡艇同乗、体育などさまざまな課業を行い、日々、知識と技術を身につけていったのである。自分の搭乗訓練がない日は模擬の機械を使って、操縦訓練を自主的に重ねたりした。後に開設された光基地や平生基地、大神基地でも、同じような訓練や課業が行われていた。

航行艦襲撃訓練に使われた襲撃手帳　基地からの回天発進試験

月明かりを頼りに泊地攻撃訓練

回天が環礁《かんしょう》などの泊地に停泊している敵艦を攻撃する場合、最大の難関は、狭水道の通航だった。そのため、山や海岸、岩礁を識別し、その方位や距離を測定して自艇の位置を確認しながら、予定航路を正確にたどる訓練を積んだ。また、この攻撃は黎明《そうめい》時（日の出前）、或いは月や星が輝き始める時間が有利だったことから、薄暮《はくぼ》訓練は必須だった。

本番さながらの航行艦襲撃訓練

航行艦襲撃訓練では徳山湾の外、野島東方水域を使用した。潜水艦または魚雷発射場から発進した回天が、遠くの目標艦に接近して攻撃するというもので、初心者の場合、目標艦は速力8ノットで直進した。搭乗員は発見するやいなや、目標艦の速力と方位角、距離を特眼鏡で観測して判定し、突撃に有利な位置に着くために針路を決めて潜航しながら接近した。目標艦の500m手前で最終浮上し、目標方位と方位角、速力を確認して潜入すると、速力を最大の30ノットまで上げて突入するのが模範となっていた。目標艦の艦底を通過すれば、命中したこととされていたが、中には誤って目標艦に激突してしまう回天もあった。

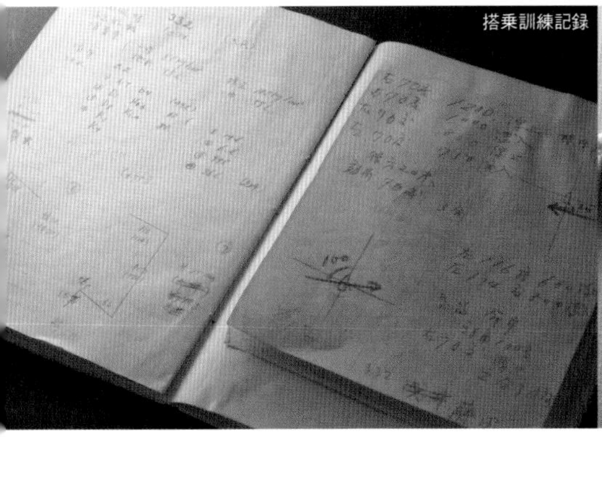

搭乗訓練記録

秒時計

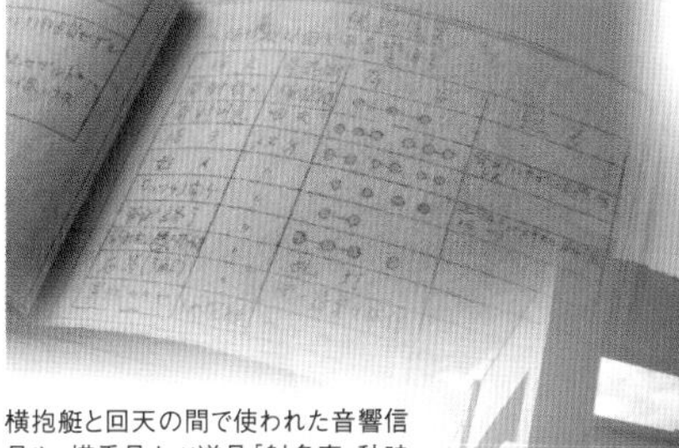

横抱艇と回天の間で使われた音響信号や、搭乗員七ツ道具［射角表、秒時計、懐中電灯、海図、手帳および鉛筆、手拭い、応急工具］などを記載した訓練心得

大津島に残る魚雷発射試験場跡

回天基地での訓練生活

命をかけた搭乗訓練

命がけの訓練が繰り返される基地での生活。緊張と厳しさに包まれた日々の中で、搭乗員たちは「敵艦にうまく突入すること」だけを目標に、一日でも早く回天の操縦技術を身につけようと必死だった。しかし、飛行機や戦車と違い、初めのうちは回天には技術書も教範もなく、1回1回の搭乗が操縦法の教範の基幹となった。当然ながら、搭乗訓練のすべてが命がけだった。事故を起こして漂流したところを助けられたり、泳いで岸に辿り着いたりした搭乗員たちもいたという。ある日、陸軍の暁《あかつき》部隊の舟艇が光基地沖を通りかかった際、航行艦襲撃訓練中の回天搭乗員はこの艇を標的にしようと、回天を操縦して船底を通過した。浮上して特眼鏡を回すと、たくさんの兵隊が何が起こったのかとビックリした面持ちで眺めていたという。しかし、中には目標艦や海底に激突し、出撃を待たずして命を落とす者もあった。また、目標艦としていた船が、突然の米軍機の機銃掃射を避け、右へ左へ旋回しながら航行するという不測の事態も起こった。訓練海域に投下された機雷に接触する危険も避けられなかった。もはや本土上空の制空権はなくなりつつあった。回天による水中特攻の訓練さえ、敵機との戦いだったのである。

ある搭乗員は、搭乗訓練の際、交通筒から回天内部の明かりを見上げているとふと母親の顔を思い出したという。厳しい訓練中のたった数秒の間にも、家族や友人との別れを想像して、こうやって突撃していくのかと、身震いすることもあった。搭乗員として出撃できるようになるには、こうした命がけの搭乗訓練を連続して20回くらい行う必要があった。しかし、回天は兵器としてはまだ不備な面も多く、しばしば故障した。また、搭乗員の数に対し、訓練用の回天ははるかに少なかった。そのため、整備科員たちが不眠不休で整備しても追いつかず、搭乗訓練の順番はなかなかまわってこなかった。

訓練中に開いた回天のハッチ

回天のハッチは、乗艇した搭乗員が内側から閉め、外側から整備員が「増し締め」をするのが原則とされていた。「回天のハッチは1度締めたら、2度と開かない」というのは間違った認識で、各基地で実際に訓練中にハッチを開けて脱出した例がある。

1945（昭和20）年7月末、藤田協少尉が乗った回天は、平生基地で高速艦攻撃の訓練中、海底に衝突する事故を起こした。攻撃は目標艦の斜め前方から行うのが原則で、このときも目標艦の斜め前方に出たあたりで回頭して迎え撃とうと、潜航しながら速度を上げたという。ところが、2、3回海底をこするような感触があり、何事かと思った矢先、ザザーという音とともに、回天は海底の岩礁に突っ込んでしまったのである。すぐに前部から海水が入り始め、腰まで浸かってしまった。同乗の搭乗員と力を合わせてハッチのハンドルを工具で緩めたが、ハッチは水圧でビクともせず、そのうちに海水が首のあたりまで浸水した。「これまでか」と思う間もなく、満身の力を込めて背中で押し上げたところ、わずかな隙間が開き、そこから海水が流れ込んだ。艇内は一気に満水になり、内外の水圧差がゼロになった時点でハッチは楽に開いた。その後、2人は海面まで浮上し、近くの岩場に上がって救助を待った。

また、光基地では、八木寛少尉が乗艇した回天が訓練中に沈没する事故を起こした。このまま死を待つのは犬死に同然と感じた八木少尉は、通常の人間の力では開けるのが困難なハッチを超人的な力で押し開け、脱出に成功した。

沖合いに現れた戦艦「大和」

厳しい訓練が続く中でも、つかの間の楽しみが、搭乗員たちの心を癒すこともあった。ある日、大津島基地に、どこからともなく子犬がやってきた。搭乗員たちはその犬を「回天」と名付け、餌を与えて可愛がり、だんだん大きくなったという。猛烈指揮官と言われた板倉光馬少佐もこの子犬を胸に抱き、よく歩きまわっていた。光基地にも子犬がおり、やはり「回天」と呼ばれ、皆に大事にされていた。また、基地内では訓練以外の夕食後の時間にギターやマンドリンなどの楽器を演奏し、歌を歌ったり、相撲や野球、棒倒しや登山などを行った。

大津島基地には通称「回天山」と呼んでいた山があり、毎日のように登る搭乗員もいたという。1945（昭和20）年4月5日ごろ、山頂から徳山湾を見下ろすと、沖合に戦艦「大和」の勇ましい姿が目に入った。さすが世界最大の戦艦、向かいの島が1つ、隠れて見えなくなっていたという。翌日の夕方には、その姿は消えていた。「大和」は沖縄特攻作戦へ出撃する直前だったのである。

「上陸」――故郷の風景に再会

基地が開設されて数カ月間は、基地からの外出は禁止されていた。また、海軍は原則的に「月月火水木金金」とも言われていたように、日曜も祭日もない生活であった。大津島基地でも、1944（昭和19）年は一切休みがなく、徳山市（現・周南市）内への上陸も許されなかった。しかし、翌年には訓練要員以外は日曜に限り、外出・上陸ができるようになった。

ある日、下士官搭乗員たちは大型発動艇に乗り、徳山湾の北側、黒髪島と仙島をつなぐ小さな砂浜へ遊びに出かけた。全員がふんどし1つで自由に走り回ったり、貝掘りを楽しんだりと大いに羽を伸ばした。要塞地帯ということで長期間立ち入り禁止になっていたせいか、ハマグリやアサリがいっぱい獲れ、艇の甲板に山盛りになった。おかげで、基地での食事には当分の間、貝料理が出されたという。また、全員で防府市へ行軍《こうぐん》したことがあった。短艇で徳山湾の北岸に上陸し、隊列を組んで歩きながら防府市街に入り、防府天満宮を参拝。その後、散策など自由行動を楽しんだ。

光基地では、1945（昭和20）年7月上旬、指揮官の配慮により、搭乗員たちは別府温泉に出かけることを許された。彼らは遠足に行く小学生のようにはしゃぎながら、つかの間の生きる喜びを満喫したという。

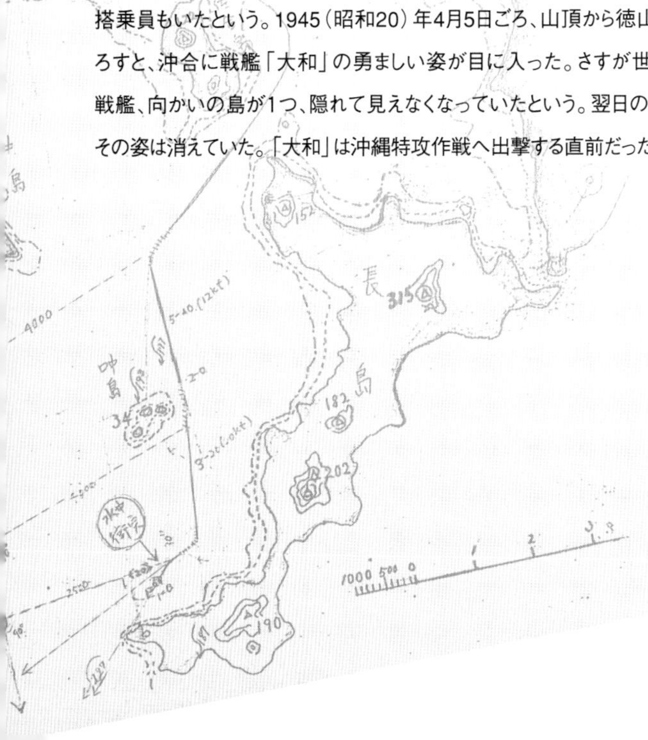

平生基地で藤田協少尉が海底に
衝突する事故を起こした時の「搭乗訓練記録」

回天隊、初の悲劇 [黒木大尉・樋口大尉 殉職]

犠牲ヲ 踏ミ越エテ

回天訓練中に殉職した樋口大尉が後輩にしたためた遺書の一節

黒木 博司 大尉

岐阜県出身
海軍機関学校51期

樋口 孝 大尉

東京都出身
海軍兵学校70期

回天に乗り込む黒木大尉

「天候が悪いからといって、敵は待ってくれない」～訓練開始2日目の悲劇～

黒木大尉の搭乗帽

1944（昭和19）年9月6日、大津島回天基地での訓練2日目の空は爽やかに晴れわたっていた。しかし、次第に風が吹き始め、朝方は穏やかだった海面に白波が立ち始めていた。午前10時、上別府宜紀大尉が同乗し仁科関夫中尉が操縦する3号的が発進。湾口では波が高く、潜入時には飛沫《ひまつ》を高く上げていた。

午後になると風はますます強くなり、白波ばかりか、うねりも大きくなった。危険だと判断した大津島指揮官の板倉光馬少佐は訓練の中止を決断。板倉少佐に「大丈夫です」と語気《ごき》鋭く詰め寄った黒木博司大尉を「今日はやめた方がいいでしょう。私のときも湾口で波にたたかれ、危なかった」と仁科中尉がなだめた。しかし、「天候が悪いからといって、敵は待ってくれない」と一歩も退こうとしない黒木大尉。同乗の樋口孝大尉の「やらせてください」との懇願《こんがん》もあって、湾内の第1コースで訓練を決行することになった。

突進セヨ

回天を生んだ黒木大尉、無念の殉職

午後5時40分、樋口大尉が操縦する1号的は指導官の黒木大尉を乗せ、逆風をついて発進し、その後方を2隻の艇が追尾。板倉少佐が乗った追躡《ついしょう》艇は折からのうねりに突っ込み、浸水によりエンジン停止に陥《おちい》った。仁科中尉が乗った高速艇も1号的を見失ったまま発射場に戻った。夕闇が迫る基地では、すぐに捜索隊を編成。消息を絶った1号的の捜索に徹夜で全力を挙げたが、艇内の酸素がなくなる時刻を迎え、ついにふたりの生存の望みは断たれた。翌朝、空が白み始め、昨日の荒波が嘘のように静まった海面で、高速艇や漁船が必死の捜索を続け、午前9時、1号的発見の報が届いた。

見つかったのは射点から約4,000m先、コースよりやや北よりの地点。水深約15mの海底で、3分の1ほどが泥をかぶった状態で突き刺さっていた。発見できたのは、海底から微量の気泡が出ていたからだという。引き揚げられた1号的を潜水作業艇に固縛したままハッチを開き、操縦席にうつ伏せになって倒れていた樋口大尉と、その奥にうずくまるように倒れていた黒木大尉を確認したが、すでにふたりとも完全に事切れていた。取り乱した様子はなく、端《たん》然《ぜん》たる見事な最期であった。

仁科中尉、黒木少佐を偲《しの》ぶ

黒木大尉、樋口大尉は殉職後、進級し「少佐」とされた。それまで数カ月、ともに苦労してきた2人の死に、基地全体は放心状態となった。生前、黒木大尉は仁科中尉に、「本実験中、貴様と俺と2人のうち1人は必ず死ぬだろう。更に2人死んだ場合はどうなるだろうか」と常に話していたという。仁科中尉は後に回天隊初の出撃としてウルシーに向かう。その潜水艦内で突入直前まで記していた日記の中に「黒木少佐ヲ偲ブ」という一節を残している。「嗚《あ》呼《あ》彼遂に帰らず。徳山湾の鬼と化す。回天隊員よ奮起せよ。日本国民よ覚醒《かくせい》せよ。訓練開始に当り三割の犠牲を覚悟に猛訓練を誓ひし仲なれど黒木少佐の今日の姿を見んとは（略）」という文をしたためている。

仁科中尉はこの悲痛に耐え、回天隊の先頭に立った。その後の仁科中尉には、鬼気《きき》迫る雰囲気が漂っていたという。仁科中尉の奮起によって、大津島基地はショックから立ち直り、全員に闘志がみなぎった。

トロッコで運ばれる訓練用回天。大津島基地にて

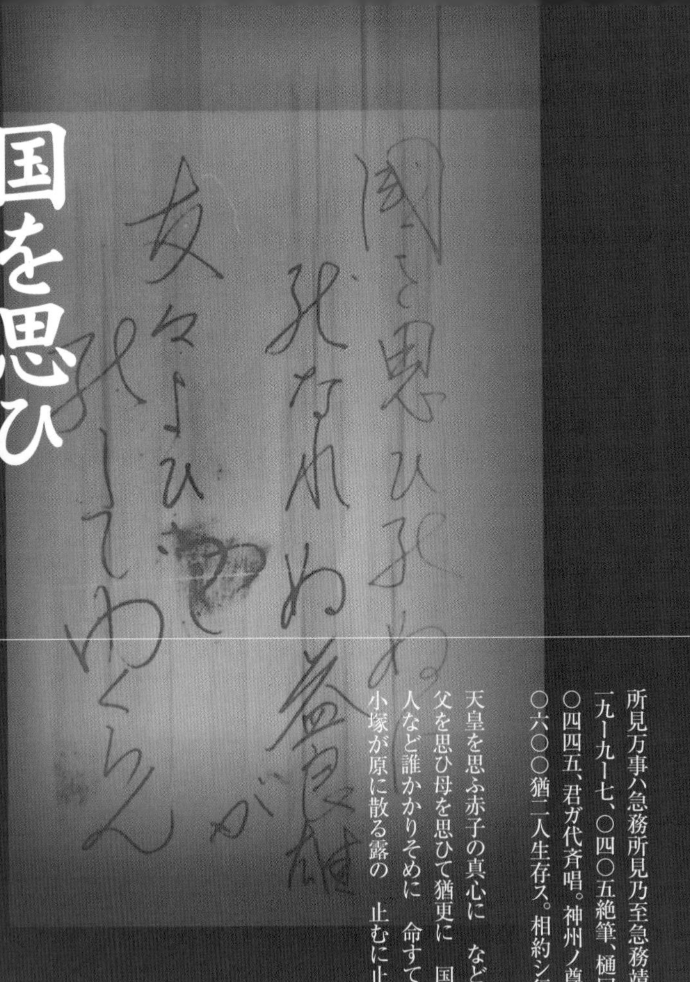

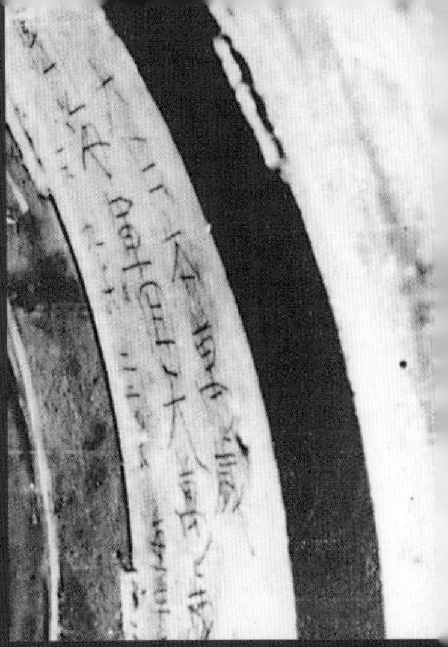

回天の内壁に残された黒木大尉の壁書

国を思ひ 死ぬに死なれぬ益良雄《ますらお》が 友々よびつつ 死してゆくらん

〜黒木博司大尉の辞世の句〜

1、自室紫袋内ノ士規七則ヲ黒木家ニ伝フ。家郷ニハ戦時中云フ事コトナシ、意中諒トセラレヨ。父上、母上、兄上、妹、御達者ニ。

2、血書ハ分配ヲ堅ク御断リス。但シ一通司令官ニ納メテ戴キタシ。人生意気ニ感ズルモノナリ。

二三〇〇壁書ス。「天皇陛下萬歳、大日本萬歳、帝国海軍回天萬歳。

一九・九・六　二三〇〇　海軍大尉　黒木博司」

呼吸苦シク思考ヤヤ不明瞭、手足ヤヤシビレタリ。

〇四〇〇死ヲ決ス。心身爽快ナリ。心ヨリ樋口大尉ト萬歳ヲ三唱ス。

死せんとす益良男子のかなしみは　留め護らん魂の空しき

所見万事ハ急務所見乃至急務靖献ニ在リ、同志ノ士希クバ一読、緊急ノ対策アランコトヲ。

一九ー九ー七、〇四〇五絶筆、樋口大尉ノ最後従容トシテ見事ナリ。我又彼ト同ジクセン。

〇四四五、君ガ代斉唱。神州ノ尊、神州ノ美、我今疑ハズ、莞爾トシテユク。萬歳。

〇六〇〇猶二人生存ス。相約シ行ヲ共ニス。萬歳。

天皇を思ふ赤子の真心に　など父母を思はざるべき

父を思ひ母を思ひて猶更に　国を思ふは日の本の道

人など誰かかりそめに　命すてんと望まんや

小塚が原に散る露の　止むに止まれぬ大和魂

絶命までの壮烈な12時間

黒木大尉は、事故を起こした直後から、その状況を詳細に書き留めている。2人の通夜の席上で披露されたその遺書には、事故直後の処置や経過、後の訓練や実戦に生かすための対策などが、回天発案者として冷静に分析し記録されていた。しかし、事故発生から5時間近くが経過した時点で、その内容は次第に自らの死を覚悟したものとなり、仁科中尉をはじめ訓練基地の隊員へ向けた、回天に賭ける懇情《こんじょう》の遺言へと変わっていく。回天の内壁にも筆跡は残された。「天皇陛下萬歳　大日本萬歳　帝国海軍回天萬歳」——。訓練開始から10時間以上が経過し、艇内には2人の命をつなぐ酸素は残っていなかった。「呼吸苦シク思考ヤヤ不明瞭…」。彼らは手足がしびれる中、厳かに君が代を斉唱し、事故発生から約12時間後の午前6時過ぎ、ついに息絶えた。

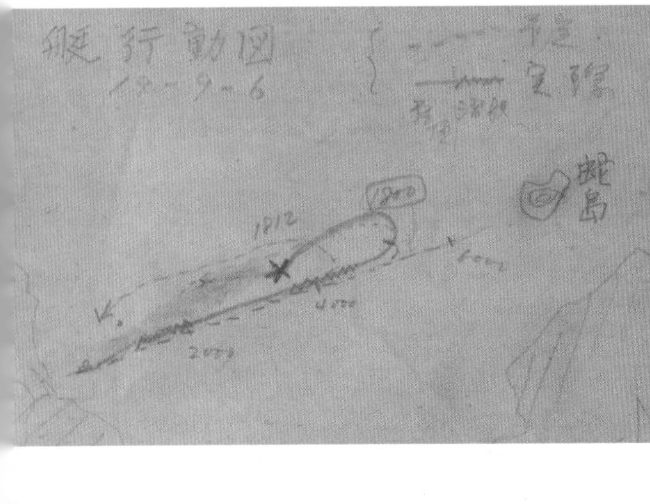

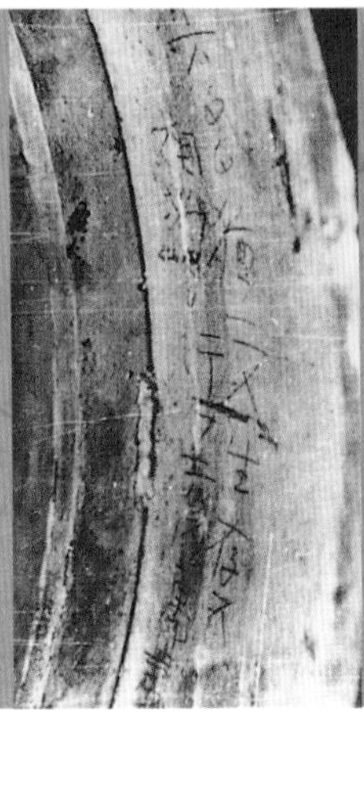

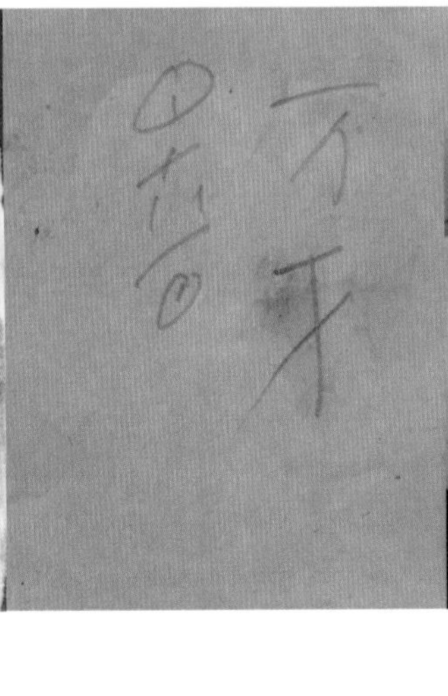

樋口大尉が事故報告手帳に記した行

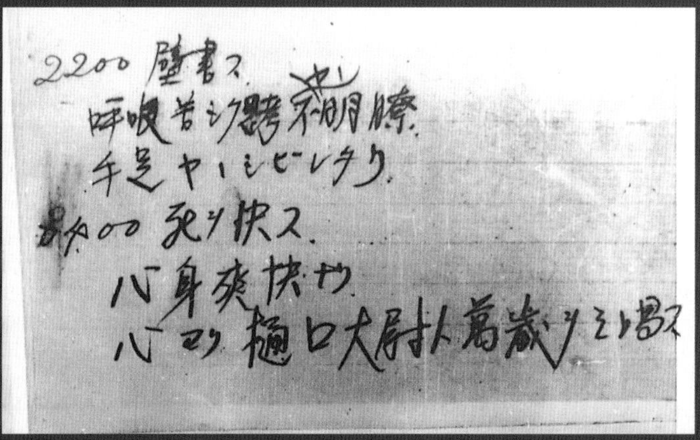

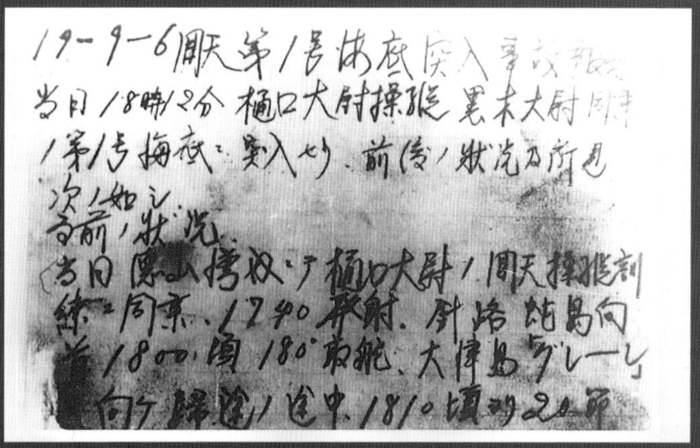

黒木大尉　事故報告の一部

黒木大尉が艇内で書き綴った事故報告ノート

十九年九月六日　回天第一号海底突入事故報告

当日一八時一二分、樋口大尉操縦、黒木大尉同乗ノ第一号艇、海底ニ突入セリ。

前後ノ状況及所見次ノ如シ。

一、事前ノ状況

当日、徳山湾内ニテ樋口大尉ノ回天操縦訓練ニ同乗、一七四〇発射、針路蛇島向首、一八〇〇頃一八〇度取舵、大津島「クレーン」ニ向ケ帰途ノ途中、一八一〇頃ヨリ二〇ノット潜航、調深五米ニ対シテ実深一二米、前後傾斜ハD二～三度、時ニハ四～五度トナリシコトアリ。　（中略）

二、応急処置

1、五分間隔ニ主空気一分間放気、調圧ヲ一〇キロトナシ、気泡ヲ大ナラシム。残圧六〇キロ。

2、縦舵機用操舵空気ヲ常時絶ヘザル如ク放気ス。

3、電動縦舵機ヲ停止ス。

4、海水タンク諸弁ノ閉鎖ヲ確認ス（前方下ノミ注水シアリ）。

5、浸水部ヲ確カム。水防眼鏡ノ「パッキン」部ヨリ滴々落下スル外異状ナシ。

6、電灯異常ナシ。

7、操空圧力不明（最初読ミ取リアラズ）

三、事後ノ経過

1、主空気ノ放気ハ一八四五ヨリ五分間放気セントセシ際、一九〇〇ヨリ若干放気後停止、残圧三〇キロ、前回放気ノ前ニハ残圧五〇キロアリ、五分間一〇キロニテ放気セルモノナリ。

2、操空ノ放気ハ一九一九、数十回ノ操作ト同様ニシテ、操空連絡弁ヲ稍急激ニ開キシ所、異音ヲ発ス。即チ、縦舵機函上蓋「パッキン」噴出シ、筒内気圧急昇ス。耳ニ痛ク感ゼリ。依ッテ直チニ閉鎖、爾後放気不可能。

3、一九一五主空気放気セルニ、筒内ニ縦舵機函ヨリ噴気スルヲ以テ短時間ニテ停止。

4、一九四〇頃「スクリュー」音一ヲ聞ク。前者ハ直上ニテ停止セルモノノ如シ。但シ爾後遂ニ何等ノ影響ナシ。爾後種々ノ音響ヲ聞クモ近キ音ナシ。

四、所見

1、波浪大ナルトキ浅深度高速潜航ノ可否ハ実験ヲ要ス。確タル成績ヲ得ルマデ厳禁ヲ可ト思考ス（若干処置ヲ誤リシハ、当所ノ水深ヲ十二米ト判断シ、実深ヲ知ル能ハザリシニヨル）

2、早急ニ過酸化曹達ヲ準備スベシ。

3、事故ニ備ヘテ、用便器ノ準備ヲ要ス（特ニ筒内冷却ノ為メ）。

4、実験ヨリシテ二人乗ハ七時間ヲ限度トス。

5、「ハッチ」啓開ヲ試ミシモ開カズ（空気不足ト思考セラルルニヨリ、只今ヨリ睡眠ス）

6、陛下ノ艇ヲ沈メ奉リ、就中〇六ニ対シテハ、畏クモ、陛下ノ御期待大ナリト拝聞致シ奉リ居リ候際、生産思ハシカラズ、而モ最初ノ実験者トシテ多少ノ成果ヲ得ツツモ、充分ニ後継者ニ伝フルコトヲ得ズシテ殉職スルハ、洵ニ不忠申訳ナク、慚愧ニ耐ヘザル次第ニ候。

（中略）

仁科中尉ニ

万事小官ノ後事ニ関シ、武人トシテ恥ナキ様頼ミ候。潜水艦基地在隊中ノ（キ四八期）ニ連絡ヲ頼ミ候。御健闘ヲ祈ル。〇六諸士並ニ甲標的諸士ノ御勇健ヲ祈ル。機五十一期級友切ニ後事ヲ嘱ス。（終）

辞世

男子やも我が事ならず朽ちぬとも　留め置かまし大和魂

国を思ひ死ぬに死なれぬ益良雄が　友々よびつつ死してゆくらん

樋口大尉の遺書

一九―九―六　一七四〇　発動

　　　　　　一八一二　沈坐

指揮官ニ報告

予定ノ如ク航走、一八・一三潜入時突如傾斜DOWN二〇度トナリ、海底に沈座ス。

ソノ状況、推定原因、処置等ハ、同乗指導官黒木大尉ノ記セル通リナリ。

事故ノタメ訓練ニ支障ヲ来シ、マコトニ申訳ナキ次第ナリ。

後輩諸君ニ

犠牲ヲ踏ミ越エテ突進セヨ

七日〇四〇五　呼吸困難ナリ。

訓練中事故ヲ起シタルハ、戦場ニ散ルベキ我々ノ最モ遺憾トスルトコロナリ。シカレドモ犠牲ヲ乗リ越エテコソ、発展アリ、進歩アリ。我々ノ失敗セシ原因ヲ探求シ、帝国ヲ護ルコノ種兵器ノ発展ノ基ヲ得ンコトヲ。周密ナル計画、、大胆ナル実施。

〇四・三五　呼吸著ク困難ナリ

生即死。　〇四・四〇

国歌斉唱ス。　〇四・四五

〇六・〇〇　猶二人生ク。行ヲ共ニセン。

万歳

〇六・一〇

（壁書）

大日本帝国　万歳

十九年九月六日

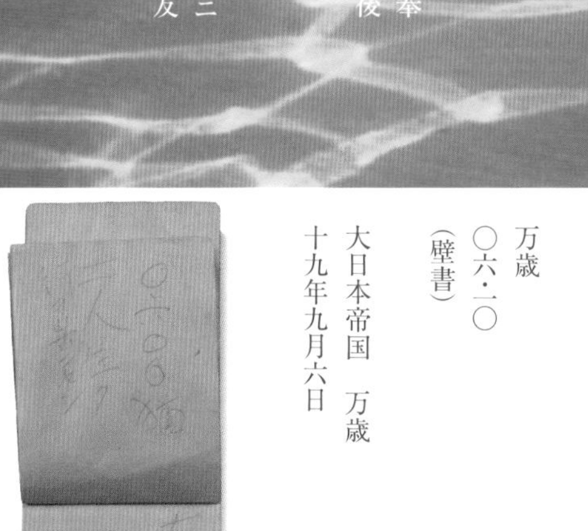

樋口大尉が艇内で綴った事故報告手帳

伊58潜の発令所

回天戦、用意!!

潜水艦への搭載から、目標艦攻撃まで

伊58潜の司令塔

見送りに応える回天搭乗員たち（天武隊伊47潜）

回天への乗艇

回天を何基搭載するかは、潜水艦の大きさによって決められた。4基搭載する場合は後甲板に4基、5基の場合は前甲板に2基、後甲板に3基、6基の場合には前甲板に2基、後甲板に4基を、甲板上に設置した架台に搭載した。回天を固定するには架台の左右に取り付けてある2本のバンドを使用する。この固縛《こばく》バンドは、艇前部から第一、第二、第三、第一補助、第二補助の5本が設置され、第一、第二、第三固縛バンドは潜水艦の艦内から外せるが、補助バンドは敵地目前で浮上し、外しておかなければならない。初期の攻撃時には、すべての固縛バンドを外してから回天のエンジンを始動させていた。しかし、一度海中に放たれると、回天が故障し発進できなかった場合に搭乗員を収容することができない。そのため、後には第二固縛バンドは回天のエンジンが始動した後に外すことになった。

停泊艦攻撃の際、搭乗員の乗艇は、交通筒《とう》のない回天へは潜水艦が浮上し上部ハッチから、交通筒のある回天へは下部ハッチから行われた。航行艦襲撃時には、すべて下部ハッチから乗艇を行った。上下2ヵ所にあるハッチには、艇の内側にだけ、開閉ハンドルが取り付けられている。搭乗員は乗艇した後、この開閉ハンドルを自分で回してハッチを閉め、出るときにも自分で開いた。ハッチの蓋は鋼製で重いので、上部ハッチは整備員に艇の上から手伝ってもらう。さらに閉鎖した後、専用のボックス金具で回す「増し締め」を行った。最後に搭乗員の顔を見て、言葉を交わす整備員の中には、命中を祈りつつ、こみあげてくる涙を押さえきれなかった者も多かった。

敵艦轟沈に向け爆走

回天に乗り込むと、装置や弁など回天の各機関の点検・準備・確認が24項目もあった。すべての点検を完了し、潜水艦と繋《つな》がれた電話線を通して、艦長から「発進用意」の命令が下る。搭乗員も「発進用意!」と復唱し、1つ1つの作業を大声で呼称しながら、手早く行う。その作業は、まず電動縦舵機起動で始まり、起動弁全開、縦舵機排気弁全開、操空塞気弁全開、縦舵機発動弁全開、など18項目にも及ぶ。すべての作業を終え、「発進用意よし!」と報告する。電話からは、「なにか言い残すことはないか」「成功を祈る」などの言葉がかけられる。最後の挨拶を交わし、潜水艦長の「1号艇発進!」の号令から10秒ほどの後、搭乗員は渾身《こんしん》の力を込め、発動銲《かん》を押して発進するのである。

発進すると、手早く秒時計を押し、同時に特眼鏡を下げる。次に、秒時計の針を注視しながら、エンジン音に絶えず耳を澄まして、燃焼室の圧力ゲージ圧、主空・操空のゲージ圧を点検し、回天が順調に直進しているかどうかを電動縦舵機の羅針盤で確認する。発進後、予定時間が経過したら、調圧ロットを6～7キロに下げ、静かに深度を0に戻しながら、特眼鏡をいっぱいまで上げる。これが見納めの、海上の光景である。特眼鏡をのぞき、目標艦の方位角・照準角・距離を測定。突入する針路を瞬時に判断すると、最後に秒時計を押し、特眼鏡を下げ、全速力の30ノットで一気に突入する。後はひたすら、敵艦轟沈への爆走である。回天が目標艦に突入するその瞬間、搭乗員は自爆装置である手動スイッチ（電気信管スイッチ）に手を掛け、命中したときの衝撃で体が前のめりになると同時に爆発のスイッチが入るように、最後の姿勢をとった。

秒時計

回天の特眼鏡

出撃する多聞隊（伊367潜）

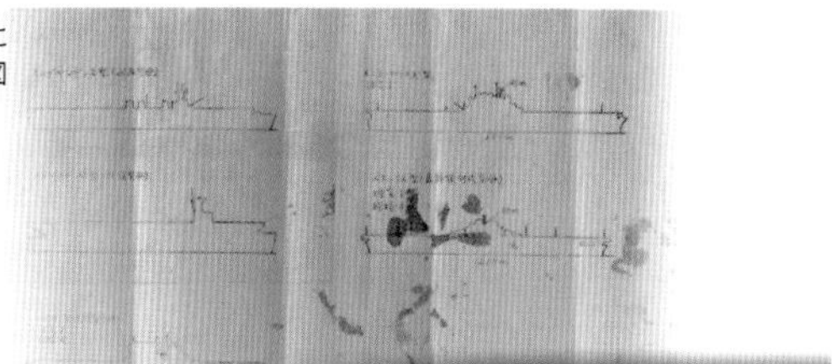
目標艦の形や大きさを覚えるのに使用した訓練目標艦図

港湾停泊艦攻撃

泊地などの港湾に停泊中の艦船攻撃は、回天特攻作戦の開始当初に行われた。攻撃を行う際は、潜水艦から艦船までが20カイリ以内の地点で、発進は日の出前とされていた。潜水艦を発進した回天は速力12ノット、深度5mで接近。発進地から港口までの距離の8割程度まで、潜航したまま接近した後、港口中央を速力3〜5ノットで露頂《ろちょう》または潜航して突破する。港内への低速での進入は敵に発見される可能性もあった。

回天の攻撃目標は、空母、戦艦、駆逐艦、輸送艦の順に定められていた。搭乗員は日頃からそれぞれの艦船の形や大きさを覚えるため、「目標艦図」を作成していた。特眼鏡から見える艦影で目標艦を決定すると、500m手前で最終観測を行い、艦船中央に照準を合わせ、深度を3〜9m（目標艦の喫水《きっすい》により異なる）にとり、全速力で突入して体当たりするのである。

搭乗員は目標艦の形を描いたカードを作成していた

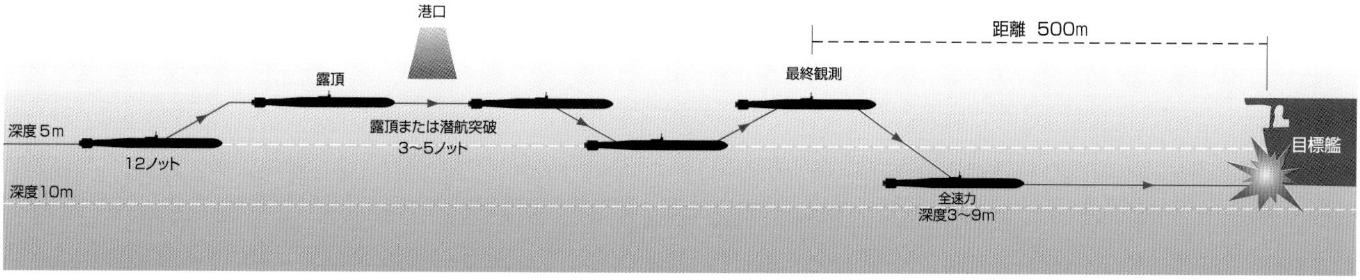

航行艦襲撃

停泊艦攻撃を開始した後、米軍の警戒は直ちに強まり、潜水艦への攻撃も激しくなった。そのため、回天による攻撃の目標は、海上航行中の艦船へと変わっていった。潜水艦の潜望鏡による観測で、目標艦の方位、速力、針路を判断し、回天の突撃針路、潜航秒数が決定される。回天は潜航したまま約20ノットで接近し、目標艦の手前500〜1,000mで3ノットまで減速し露頂した後、15秒以内で敵艦の方位角、速力、距離を測り、潜航。最終突入針路を算出し、全速力で体当たりする。しかし、回天に気づいた目標艦が進路を変更したり、衝突しても角度が浅い場合は爆発しないなど、攻撃は難しさを増していった。また、輸送艦は積載量により、喫水が変化する。ときには回天の潜航深度が深すぎて、艦底を通過してしまうこともあった。命中を逃したことを判断した搭乗員は再度浮上して特眼鏡にかじりつく。「発進したからには、必ず命中させる」という執念で、何度も突入を図った。

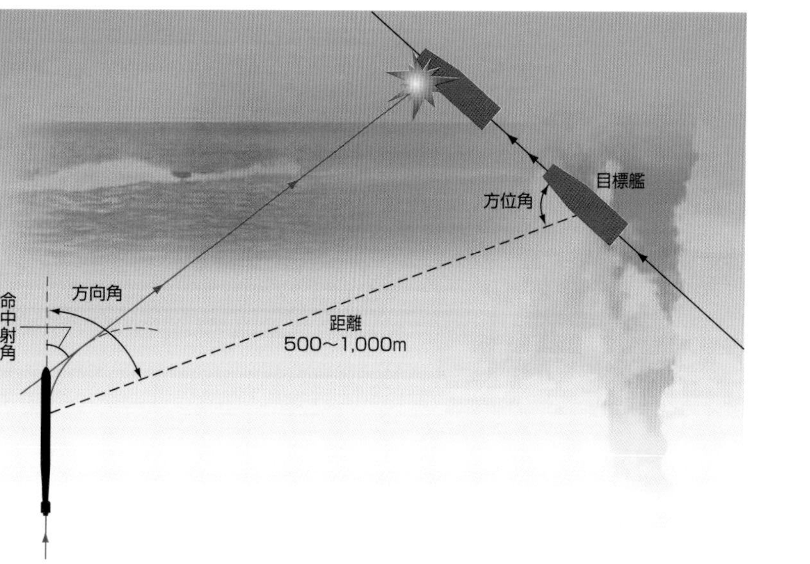

突入

その瞬間まで刻む命

「七生報国」ノ白鉢巻ヲ額ニ怒髪天ヲ衝キ
右手ニ日本刀ヲ握リシメ自爆桿ニ添ヘ
左手ニ黒木少佐ノ遺影ヲ掲ゲ胸ニ神州ノ曙ヲ画キテ
大元帥陛下ノ萬歳ヲ唱ヘテ
吾人十二名ハ只敵空母ニ大和魂ヲブッケルノダ。

仁科　関夫中尉　「黒木少佐ヲ偲ブ」（部分）
【菊水隊　一九四四（昭和十九）年十一月二十日　ウルシー海域にて突入】

薄暗く狭い回天の艇内に独り座り、
刻々と死に向かって突進する、わが身、わが命。

愛する者を、国を守るために選ばれた誇りを胸に、
ただひたすら「命中」を祈る。

かすかに聞こえる敵艦のスクリュー音に耳を澄まし、
震える手で特眼鏡を握りしめる。距離はわずか、500メートル。

自爆装置のスイッチに手を掛けたまま、必死に秒針の動きを追う。
汗ばむ手のひら、高まる鼓動は、今、生きている証しである。

人生の終章を確かに刻む、突入までの数十秒間に、
彼らが何を思ったか、何を叫んだか――。
それは決して計り知ることはできない。

愛する者の笑顔、友の言葉、故郷の美しい風景、
そして祖国の行く末を思い、
最期の瞬間まで、幸せな未来を夢見ていたに違いない。

※氏名の階級は生前のものです。

姉さん、私は最後の瞬間に、きっと姉さんの御姿を、
はっきり眼の前に見て死ぬ事が出来ると思います。
「姉さん」と叫んで死にます。

都所　静世中尉　義姉宛書簡（部分）
【金剛隊　一九四五（昭和二十）年一月十二日　ウルシー海域にて突入】

今頃は父母も夢路を辿るらん　今より征くぞ敵轟沈に

八木　悌二中尉　「出撃前夜所感」（部分）
【天武隊　一九四五（昭和二十）年四月二十七日　沖縄海域にて突入】

今ニ見ロ　一人デ千万人ヲ海底ノ藻屑ト化セシメテクレン

成瀬　謙治中尉　出撃潜水艦内での日記（部分）
【多聞隊　一九四五（昭和二十）年八月十一日　沖縄海域にて船団に突入】

八月十一日　一七三〇　敵発見　輸送船なり
我落着きて体当たりを敢行せん。
只、天皇陛下の万歳を叫んで突入あるのみ。
さらば、神州の曙よ来れ。
七生報国の白鉢巻きを締め、祈るは轟沈。

佐野　元一飛曹　出撃潜水艦内での日記（部分）
【多聞隊　一九四五（昭和二十）年八月十一日　沖縄海域にて船団に突入】

泣クナトハ云ヒマセン
嘆カレル心中ハ充分想像出来マス
存分ニ泣イテヤッテ下サイ
ソシテ悲シミノ中カラ
勝チ抜クタメノ決意ヲ固メテ下サイ
可愛イ人形ト写真ト一緒ニユキマス

工藤　義彦中尉　突入二時間前、藁半紙に鉛筆書き
【金剛隊　一九四五（昭和二十）年一月十二日　グアム島アプラ港にて突入】

遥かなる都の方を仰ぎ見て　堅く誓はん必殺の雷

勝山　淳中尉　出撃潜水艦内での日記（部分）
【多聞隊　一九四五（昭和二十）年七月二十四日　沖縄海域にて駆逐艦に突入】

敵の前五十でざまあ見やがれと　叫んだその声聞かせたい

今西　太一少尉　遺詠
【菊水隊　一九四四（昭和十九）年十一月二十日　ウルシー海域にて突入】

南洋島の土人は雨降りの日を喜ぶそうだ。
それは、その後には必ず晴天の日がくるから………。
それは何日後、何年後に来るか知れない。
しかし必ず来る。苦しさはこれから来る。
よく堪えて頑張ってくれ。

本井　文哉少尉　出撃潜水艦内での日記（部分）
【金剛隊　一九四五（昭和二十）年一月十二日　ウルシー海域にて突入】

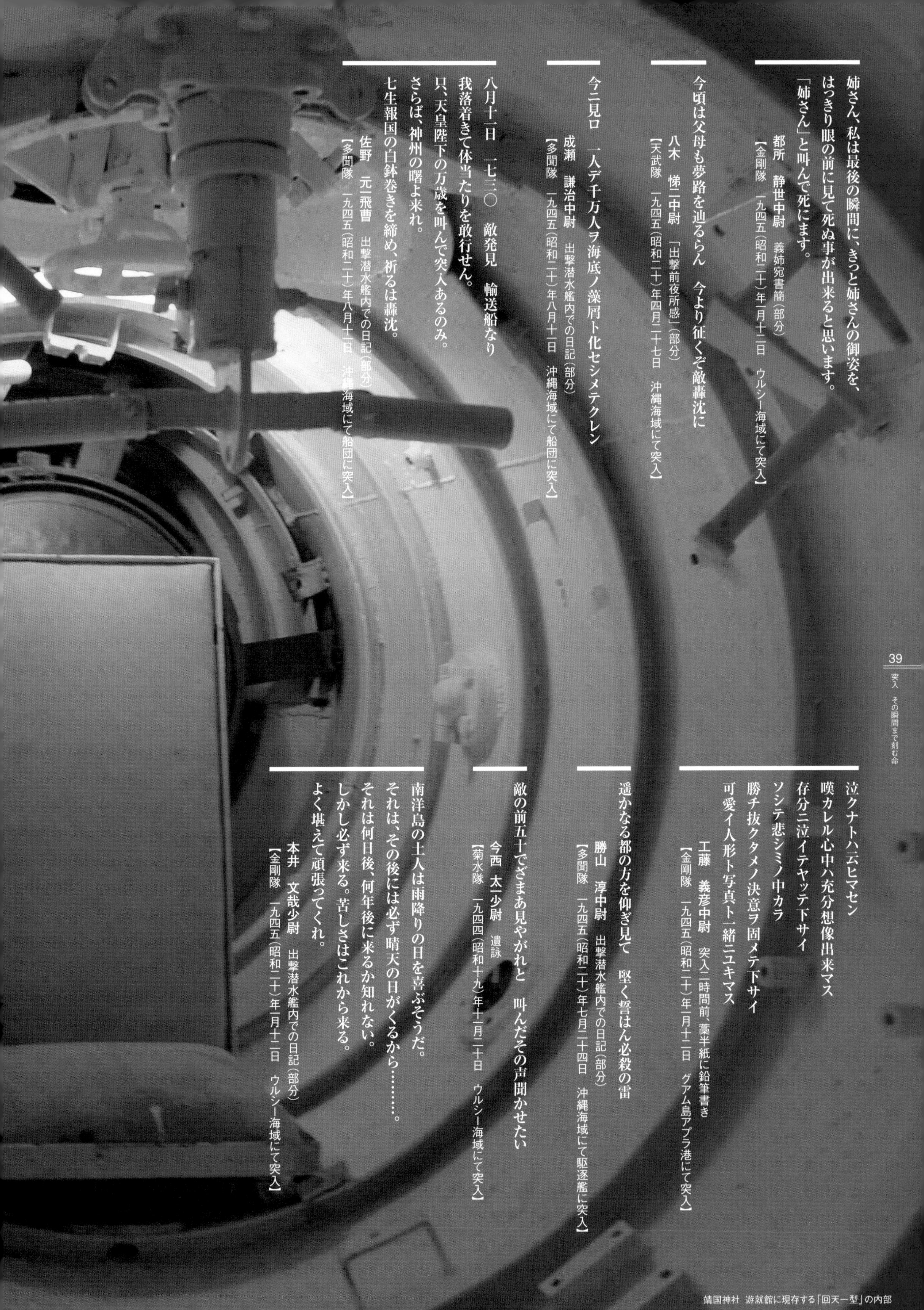

靖国神社　遊就館に現存する「回天一型」の内部

回天作戦の全貌

停泊艦襲撃から航行艦襲撃へと移行

1944（昭和19）年秋、回天による特攻作戦が決行されることになった。最初の作戦は敵の最前進基地に停泊している艦隊への攻撃で、菊水隊が同年11月8日に大津島から出撃。続いて、同基地からは金剛隊が12月から翌年1月までに6隻出撃した。水中から突然攻撃してくる回天は当初、対抗手段のない兵器として、米軍に恐れられた。

しかし、出撃を重ねるにつれ、米軍の警戒も次第に厳しくなり、1945（昭和20）年4月、作戦は航行艦襲撃へと移行。千早隊、神武隊、多々良隊、天武隊、振武隊、轟隊、多聞隊、神州隊の順に出撃し、終戦までの間、西南太平洋上において作戦を続行。連合艦隊消滅後の日本海軍唯一の艦隊として、奮戦した。その後、本土から直接発進して敵艦を攻撃するための基地回天隊が配置された。回天作戦を展開した9カ月間に出撃した搭乗員数は延べ148名、回天を搭載した潜水艦は延べ32隻を数えた。

■回天作戦を展開した9カ月間に出撃

出撃搭乗員……延べ148名

回天を搭載した潜水艦…………延べ32隻

■回天作戦による戦没者

潜水艦で出撃した回天搭乗員	80名
第1回天隊（白竜隊）第18号輸送艦にて進出した搭乗員	7名
進出基地にて空襲被弾した回天搭乗員	2名
訓練中に殉職した回天搭乗員	15名
戦後基地にて自決した回天搭乗員	2名
戦没潜水艦に同乗出撃した回天整備員	35名
第1回天隊（白竜隊）第18号輸送艦にて進出した回天整備基地員	120名
第2回天隊の進出途中に銃撃被弾した基地員	1名
出撃回天搭載潜水艦の乗組員	812名
第18号輸送艦の乗組員	225名

合計1,299名（うち搭乗員106名）

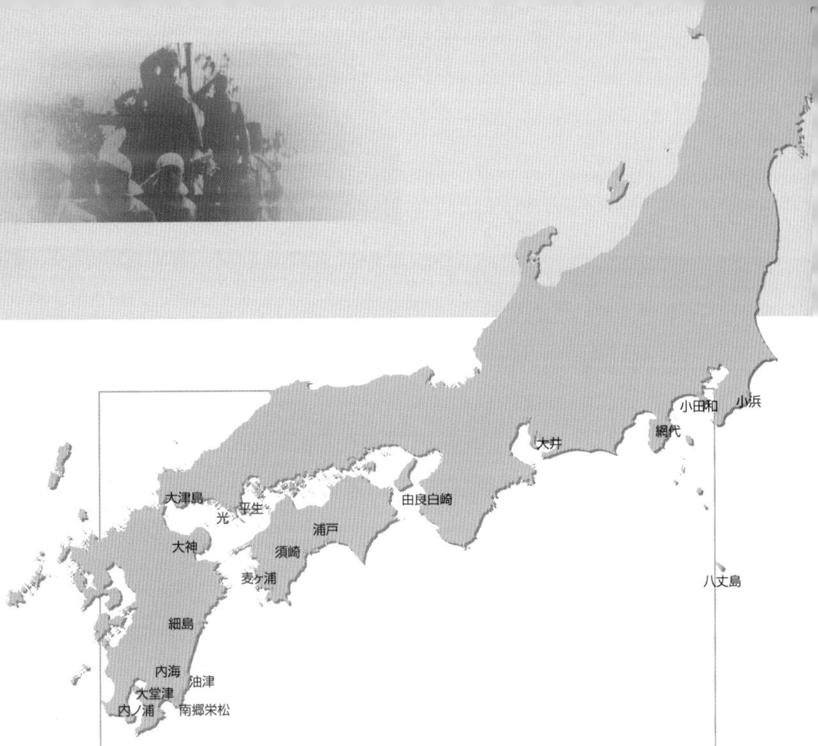

本土決戦に備えて、基地回天隊を配備

1945（昭和20）年3月には、戦局の急迫にともなう潜水艦の不足と米軍の本土上陸に備え、沖縄、関東地区から四国南岸、九州南東岸など12基地に基地回天隊を設置、回天計96基が配備され、終戦までに、他に6基地が配備予定であった。基地内にはトンネルを設営して回天を隠し、米軍が上陸してきたら、いつでも出撃できるようにしていた。第一陣として出撃し、沖縄に向かう途中で輸送艦とともに沈んだ第一回天隊、通称「白竜隊」をはじめ、八丈島、油津、須崎など、続々と全国へ展開していった。

［出撃記録］

隊名	搭載潜水艦	出撃基地	出撃年月日	回天数	戦没搭乗員	作戦海域
菊水隊	伊36	大津島	S19.11.8	4	1	ウルシー方面
菊水隊	伊37	大津島	S19.11.8	4	4	パラオ方面（未帰還）
菊水隊	伊47	大津島	S19.11.8	4	4	ウルシー方面
金剛隊	伊56	大津島	S19.12.21	4	0	敵の警戒厳重のため 回天発進不能により帰投
金剛隊	伊47	大津島	S19.12.25	4	4	ホーランディア方面
金剛隊	伊36	大津島	S19.12.30	4	4	ウルシー
金剛隊	伊53	大津島	S19.12.30	4	3	パラオ方面
金剛隊	伊58	大津島	S19.12.30	4	4	グアム島
金剛隊	伊48	大津島	S20.1.9	4	4	ウルシー方面（未帰還）
千早隊	伊368	大津島	S20.2.20	5	5	硫黄島方面（未帰還）
千早隊	伊370	光	S20.2.21	5	5	硫黄島方面（未帰還）
千早隊	伊44	大津島	S20.2.23	4	0	敵の警戒厳重のため 回天発進不能により帰投
神武隊	伊58	光	S20.3.1	4	0	作戦変更により帰投
神武隊	伊36	大津島	S20.3.2	4	0	作戦変更により帰投
多々良隊	伊47	光	S20.3.29	6	0	損傷により帰投
多々良隊	伊56	大津島	S20.3.31	6	6	沖縄方面（未帰還）
多々良隊	伊58	光	S20.3.31	4	0	敵の警戒厳重のため 回天発進不能により帰投
多々良隊	伊44	大津島	S20.4.3	4	4	沖縄方面（未帰還）
天武隊	伊47	光	S20.4.20	6	4	沖縄海域
天武隊	伊36	光	S20.4.22	6	4	沖縄海域
振武隊	伊367	大津島	S20.5.5	5	2	沖縄方面
轟 隊	伊361	光	S20.5.24	5	5	沖縄方面（未帰還）
轟 隊	伊363	光	S20.5.28	5	0	敵の警戒厳重のため 回天発進不能により帰投
轟 隊	伊36	光	S20.6.4	6	3	マリアナ
轟 隊	伊165	光	S20.6.15	2	2	マリアナ（未帰還）
多聞隊	伊53	大津島	S20.7.14	5	4	西太平洋上
多聞隊	伊58	平生	S20.7.18	6	5	西太平洋上
多聞隊	伊47	光	S20.7.19	6	0	敵の警戒厳重のため 回天発進不能により帰投
多聞隊	伊367	大津島	S20.7.19	5	0	敵の警戒厳重のため 回天発進不能により帰投
多聞隊	伊366	光	S20.8.1	5	3	西太平洋上
多聞隊	伊363	光	S20.8.8	5	0	沖縄東方海面
神州隊	伊159	平生	S20.8.16	2	0	8月18日帰投

八丈島基地へ出撃する第二回天隊。光突撃隊本部前にて　左から、
前列／鈴木（永田）望、高野（山田）慶貴、斉藤恒、小灘中尉、長井司令官、
高橋中尉、桜井貞夫・佐藤喜勇・鈴木慶二各一飛曹
後列／渡辺（三宅）中尉、浅岡副官、溝口智司少佐、有近参謀、是枝少佐、浜口大尉、不詳

神酒拝受する小灘中尉

八丈島基地へ出撃する第二回天隊の壮行式

須崎基地にて
前列／石田正美、近藤伊助、樋口幸彦、河崎春美
中列／櫻井中尉、上原大尉、山地（近江）大尉、江口少尉
後列／姫野綱生・実松正二・小橋（魚田）功・坂田秀則・
栗山博文各一飛曹

「菊水隊《きくすいたい》」

“後を頼みます。出発します”

～仁科関夫中尉の発進時の言葉から～

■搭載潜水艦／①出撃基地名②出撃年月日③出撃回天数(基)
■伊号第36潜水艦／①大津島②1944(昭和19)年11月8日③4基　■伊号第37潜水艦／①大津島②1944(昭和19)年11月8日③4基
■伊号第47潜水艦／①大津島②1944(昭和19)年11月8日③4基

伊号第36・37・47潜水艦 出撃

左から、
前列／福田・吉本両中尉、上別府大尉、
三輪長官、揚田司令、仁科・村上・豊住各中尉、
中列／神本伊号第37潜水艦艦長、
工藤・近藤・今西・宇都宮・佐藤・渡辺各少尉、
折田伊号第47潜水艦艦長、
寺本伊号第36潜水艦艦長、
後列／鳥巣・井浦両参謀、長井司令官、
佐々木・有近・板倉各参謀、浅岡副官

昭和19年11月8日 回天特別攻撃隊「菊水隊」は大津島基地を出撃した。

基地隊総員が見守る中で執《と》り行われた短刀伝達式

1944(昭和19)年11月7日午後、回天特別攻撃隊として初めての出撃となる菊水隊員への短刀伝達式が大津島基地で壮大に執り行われた。基地隊員総員が大軍艦旗の掲げられた広場に整列するなか、第一種軍装に身を正した菊水隊の隊員12人を前にして、第六艦隊司令長官三輪中将は厳かに宣言した。「ただ今から、連合艦隊司令長官から贈られた短刀を伝達する——」。錦織りの袋に収められた短刀を長官の手から直々に受け取る青年士官たちの姿は、爽やかで神々《こうごう》しくさえあった。

式が終わり、記念撮影が行われると、夕方からは士官食堂で壮行会が催された。乾杯の後、酒宴が続くなか、『海ゆかば』や『同期の桜』などが何度も繰り返し歌われた。その歌声は宿舎で特配された祝いの酒を酌《く》む下士官搭乗員たちの耳にも届き、やがて大合唱となった。

仁科関夫中尉は、壮行会の前夜遅くに一人で調整場へ行き、12基全ての回天のハッチを開け、機器の状態を調べていた。その姿を見た整備班長は、思わず合掌したという。

戦友たちの見送りに、軍刀を振りかざし出撃

翌8日午前9時、伊号第36、37、47潜水艦の3隻を母艦として、各艦に4基ずつ搭載された回天計12基の搭乗員12人が、ウルシー環礁およびパラオのコッソル水道に在泊する敵艦船攻撃のために大津島基地を出撃した。整備員や基地員は、こみ上げてくる嗚咽《おえつ》を必死に押さえながら見送った。十数隻の短艇が各潜水

一路、豊後水道を目指す伊47潜とバンクで見送る基地水上偵察機

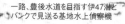

出撃前の伊47潜

第六艦隊司令長官の三輪茂義中将から仁科関夫中尉に手渡された短刀
提供／仁科長夫・呉市海事歴史科学館（大和ミュージアム）

回天作戦初めてとなる短刀伝達式

艦に寄り添うように並航し、水上機が潜水艦のマストすれすれの高さで飛行した。「総員、帽振れ!」——見送る戦友たちに、それぞれの回天の上に立った搭乗員たちは軍刀を高く振りかざし、大声で叫びながら、見納めとなる故郷に別れを告げた。

短刀を受け取る回天搭乗員

黒木少佐の遺骨を抱いて乗艇した仁科中尉

伊号第47潜水艦には仁科関夫中尉、福田斉中尉、佐藤章少尉、渡辺幸三少尉の回天搭乗員4人と整備員4人が乗艦した。3隻の編隊は周防灘、豊後水道を進み、沖の島を過ぎた辺りで列を解き、各々の攻撃地点を目指して南下。伊47潜水艦は一路、ウルシー環礁へと進撃した。航行中、4人の搭乗員は米軍の艦船の模型を手に、海図を広げてどう進もうかと熱心に話し合っていた。食事が終わると、乗組員を相手に囲碁や将棋に興《きょう》じた。折田善次艦長は、どんなことがあっても彼らを無駄死にさせてはならないと思いつめ、食欲がおとろえていたという。そんな空気を察した4人は、なおさら明るく振る舞った。

同月19日夕刻、伊号第47潜水艦はウルシー島の西方50カイリの海面に忍び寄った。静かに深く潜航した同艦は翌朝10時ごろ、ウルシー環礁の外側数カイリまで進行。「総員配置につけ!」の号令が飛び、次いで「深さ18メートル、一番上げ!」の号令が下った。潜望鏡をのぞきながら発した折田艦長の「艦隊や船団がうじゃうじゃいるぞ!」の言葉に仁科中尉らは肩を叩き合い、周りにいた乗員も声を押し殺しながら歓声を上げた。突入は明早朝と決定しており、ひとまずウルシー湾口を離れ、泊地から30カイリほどの海面で待機。夜になると再び浮上航行しながら、湾口へ向かった。翌20日午前0時30分、伊号第47潜水艦は回天3・4号艇に佐藤、渡辺両少尉を乗り込ませ、潜航進撃を開始した。午前3時、「1、2号艇、乗艇用意!」の発令を受けて、『七生報国《しちしょうほうこく》』と書いた白鉢巻きを締めた仁科、福田両中尉が発令所に入った。仁科中尉は黒木少佐の遺骨の入った白木の小箱を首に吊るしての出撃であった。「お世話になりました。ありがとうございました」。艦長から回天搭乗の指令を受け、搭乗員を代表して、仁科中尉が全乗員に感謝の意を伝えた後、「伊47潜の武運長久《ぶうんちょうきゅう》を祈ります!」の言葉で結んだ。仁科中尉は電動機室から1号艇に、福田中尉は機械室から2号艇に、交通筒を通って乗艇した。下部ハッチが閉鎖され、交通筒に注水されると、発進準備は完了した。

艦長は、数時間前から回天に乗艇していた搭乗員に電話で「アイスクリームはうまかったか」と明るい口調で声を掛けた。彼らは「はい、とてもおいしかったです。ありがとうございました」と口々に答えた。艦長は、烹炊《ほうすい》員長に特別に作らせたアイスクリームを、心づくしの一口弁当と共に持たせていたのである。

見送り内火艇に別れを告げる
回天搭乗員（伊47潜）

「菊水隊」

左から、佐藤少尉、仁科中尉、福田中尉、渡辺少尉

遺言

一、葬式は簡単にすべき事言ふまでもなし
一、節様支出の小生学資金は小生遺産中より
　利子をも加へて御受取被下度
一、右残高有之節は陸海軍へ折半御寄付相成度
一、書籍、机、椅子、其の他の品御入用の方は御受け取戴き
　残余は御売り被下右同様御寄付被下度

身はたとひ　敵艦橋に砕くとも　御国安かれ　兵我は

昭和十八年九月二十六日
渡辺幸三

油送艦「ミシシネワ」を撃沈

伊号第47潜水艦はマヤガン島近海に到達。折田艦長の「1号艇、発進はじめッ!」の命令に、1号艇内では仁科中尉が起動弁を全開。起動用把手を握りしめながら、電話で「1号艇、発進はじめよしッ!」と伝えた。午前3時28分、艦長の「1号艇、発進!」の令で「後を頼みます。出発します」の言葉を残し、仁科中尉の回天が上甲板から離脱するとともに、ドーンという熱走音が聞こえた。その瞬間、司令塔の電話にガリガリッという電話線の切れる音が飛び込んできた。こうして、仁科中尉は自ら発案・開発した人間魚雷に乗り込み、先陣を切って米艦船群に突入したのである。それから5分後に3号艇が発進、さらにその5分後に4号艇が続いた。残るは2号艇だけ。午前3時42分、福田中尉の「ばんざあいッ!」の雄叫びが終わらぬうちに電話線は切れ、先発の3基を追うように発進していった。母艦の乗員たちは胸の中で両手を合わせ、艦尾の方向に頭を下げながら見送った。

同じくウルシー泊地を攻撃した伊号第36潜水艦は、今西太一少尉の乗った回天1基だけが発進できたものの、吉本健太郎中尉、豊住和寿中尉の両艇は交通筒に固着したため離れず、工藤義彦少尉の乗った回天は発進直前に操縦室に大量浸水したため発進できなかった。今西艇は11月20日午前4時54分、真っ暗闇の中を西に向かって突き進んでいった。

伊号第47、36潜水艦から回天計5基が発進した後、午前5時47分、ウルシー泊地に大火柱があがり、轟音《ごうおん》が響いた。撃沈したのは米軍の油送艦「ミシシネワ」である。潜水艦内では、喜びと悲しみが入り交じった複雑などよめきが起こった。そのほかの戦果については不明とされているが、回天が米軍に恐怖と脅威を与えたことは間違いない。その後、両艦は11月30日、呉に帰還した。

伊号第47潜水艦の回天搭乗員4人のうち最年長者の佐藤少尉は、予備学生を志願したとき、父親に「日本は負けるよ」と話したという。しかし、国を救うため、自分にできる最良の道は回天しかないと信じた。彼は日記に「われただ死せんのみ、死なんのみ。日本民族は、われわれの死によって永遠に生きるのだ」と記している。また妻に対し、「他に嫁ぐもよし。ただ汝《なんじ》は私の永久の妻なり。極楽にて待っている」「小生はどこに居ろうとも、君の身辺を守っている」と書き残した。

爆雷攻撃により、潜水艦もろとも沈没した伊号第37潜水艦

神本信雄艦長率いる伊号第37潜水艦は、攻撃予定前日の同月19日午前8時58分、パラオ諸島コッソル水道の西口で浮上したところを米軍の設網艦に発見され、その日の午後から駆逐艦2隻によるソナー探知で爆雷攻撃を受けた。午後5時、海中深くで爆発が起こり、海面を震わせるほどの巨大な泡が立ち上った。駆逐艦の音響兵器を壊すほどの大爆発だったという。上別府宜紀大尉、村上克巴中尉、宇都宮秀一少尉、近藤和彦少尉の4人の搭乗員は回天とともに、壮烈な最期を遂げたのである。

大津島基地で訓練中の
仁科中尉(左)、上別府大尉

伊47潜の艦上で長官訓示を受ける回天搭乗員たち

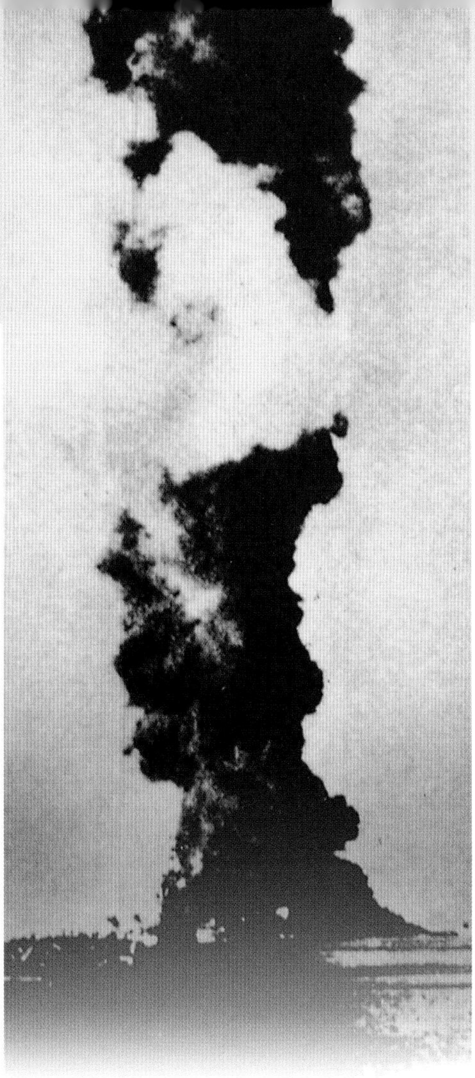

1944(昭和19)年11月20日早朝、ウルシー環礁内米機動部隊泊地に突入した菊水隊の攻撃により爆発炎上する油送艦「ミシシネワ」

伊47潜から最後に発進した福田斉中尉の遺筆

「もう一度行かせてください」
――悲願の再出撃を聞き入れた海軍少将

回天の故障により、伊号第36潜水艦から発進できなかった吉本、豊住両中尉、工藤少尉は、大津島基地へ帰還後、再度の出撃を申し出た。しかし、指揮官の板倉光馬少佐はこれを認めるわけにいかなかった。一度出撃してやむを得ず戻った者は、二度と出撃させないと決めていたからである。帰還した者は基地に残し、後輩の育成に充てようと考えていた。しかし、一度死を決心した彼らの気持ちは変わらず、出撃を主張してゆずらない。3人はついに司令官の長井満少将に直訴した。長井少将は「無理に引き止めると自決しかねない」と、その願いを聞き入れた。

これから出撃する金剛隊の隊員たちと共に、張り切って再出撃にそなえる吉本中尉たち。このことが前例となって、やむなく帰還した搭乗員が再度出撃するようになっていった。

後に続く「金剛隊」搭乗員たちと、菊水隊伊36潜で出撃、発進不能となって帰還した吉本健太郎中尉、豊住和寿中尉。自分の命が絶たれる日時まで知らされていたにもかかわらず、笑顔で写真に納まる回天搭乗員たち。緊迫した戦局を打開する特攻兵器を与えられ、使命感と希望を全員が共有していた

前列右から、小灘利春(第2回天隊)、吉本健太郎(菊水隊・金剛隊)、近江(山地)誠(先任将校、23突)、帖佐裕(第3回天隊)、河合不死男(第1回天隊)
中列右から、本井文哉、豊住和寿(菊水隊・金剛隊)、都所静世、石川誠三、加賀谷武、久住宏、川久保輝夫、橋口寛
後列右から、森稔、三枝直、村松実、佐藤勝美、有森文吉、伊東修、原敦郎、不明
最後列右から、山口重雄、井芹勝見、古川七郎(金剛隊・天武隊)、不明、不明、園田一郎(神武隊)

「金剛隊《こんごうたい》」

“すめらみくにを守りなん” ~「回天金剛隊の歌」より~

■搭載潜水艦/①出撃基地名②出撃年月日③出撃回天数(基)
■伊号第56潜水艦/①大津島②1944(昭和19)年12月21日③4基
■伊号第36潜水艦/①大津島②1944(昭和19)年12月30日③4基
■伊号第58潜水艦/①大津島②1944(昭和19)年12月30日③4基
■伊号第47潜水艦/①大津島②1944(昭和19)年12月25日③4基
■伊号第53潜水艦/①大津島②1944(昭和19)年12月30日③4基
■伊号第48潜水艦/①大津島②1945(昭和20)年1月9日③4基

伊号第47・56潜水艦

左から、
前列/山口一曹、村松上曹、前田・川久保両中尉、
三輪長官、森永艦長、
柿崎・原両中尉、古川上曹、佐藤一曹
後列/鳥巣参謀、末広艦隊主計長、
井浦・有近両参謀、郡島艦隊機関長、
佐々木少将、仁科参謀長、
長井司令官、揚田司令、
蒲原・坂本両参謀、浅岡副官

警戒が厳しく、突入を断念した伊号第56潜水艦

菊水隊に続いて、1944(昭和19)年の暮れに回天特別攻撃隊金剛隊が編成された。参戦する潜水艦は伊号第36、47、48、53、56、58潜水艦の6隻。各艦ごとに回天4基が搭載された。

同年12月21日、伊号第56潜水艦が出撃の先陣を切った。艦長を務めるのは森永正彦少佐、回天搭乗員は柿崎実中尉、前田肇中尉、古川七郎上曹、山口重雄一曹の4人。同日午後1時に大津島基地を出撃し、アドミラルティ諸島マヌス島のセアドラー港を目指した。翌1945(昭和20)年1月11日、セアドラー港の湾口の手前35カイリに到達したが、米軍の飛行機や哨戒《しょうかい》艇による警戒が厳しかった。回天の突入を命令されていた翌12日も同様の状況であったことから、艦長は突入の一時中止を決断した。防材で固く守られた湾口。柿崎中尉は「自分が防材を爆破した後、残りの3基を出してほしい」と主張したが、艦長はなだめて聞かせた。絶えることのない哨戒艇の音源に、同月13日午前2時30分から潜航を続け、翌14日夜に突入を企《くわだ》てたが、哨戒機や警戒艦艇の出動に遭い、潜水艦内の空気量も呼吸できる限界に迫っていたことから、やむなく回天の発進を断念した。第六艦隊の「耐久試験の見地から、回天を搭載したまま帰投するよう」との命令を受け、翌月の2月3日、大津島基地に帰還した。

「我々4人の代わりに、あの8人を助けてください」

同年12月25日、まぶしい日差しを浴びながら、艦長の折田善次少佐が率いる伊号第47潜水艦は大軍艦旗、海の守り神「南無八幡大菩薩」、楠公ゆかりの「非理法権天」の大幟をはためかせ、大津島基地を出撃した。白鉢巻を凛々しく巻いた川久保輝夫中尉、原敦郎中尉、村松実上曹、佐藤勝美一曹は各々の回天の上に立ち、両手を振りながら、見送りの戦友たちとの最後の別れを惜しんだ。川久保中尉は小柄ながら、明朗で負けん気の強い活発な青年士官で、偶然にも折田艦長の同期生の弟であった。艦長は川久保中尉に艦上で再会し、「大きくなったなあ。ものもようしゃべれん子供だったのが、人間魚雷の搭乗員になるとは」と驚いていたという。

同月30日早朝、グアム島の西方約300カイリの洋上で、ドラム缶の筏に乗って漂流していた8人の日本兵を発見した。艦長は収容するべきかどうか悩んだ。救ったところで、これから戦闘に行く自分たちには命の保証はできない。そこへ川久保中尉が懇願《こんがん》した。「あの8人を助けてやってください。我々4人の代わりに、8人が生還するのはめでたいことです」この一言に、艦長は決意し筏を引き寄せた。彼らは追い詰められたグアム島から脱出してきた者たちで、漂流32日目だったという。奇跡的に助かった者と、死が数日後に迫る回天搭乗員との皮肉とも思える出会い。戦争の残酷さを如実《にょじつ》に示す光景だったであろう。

伊56潜の艦上から見送りに応えて敬礼

大津島基地を離れる伊56潜

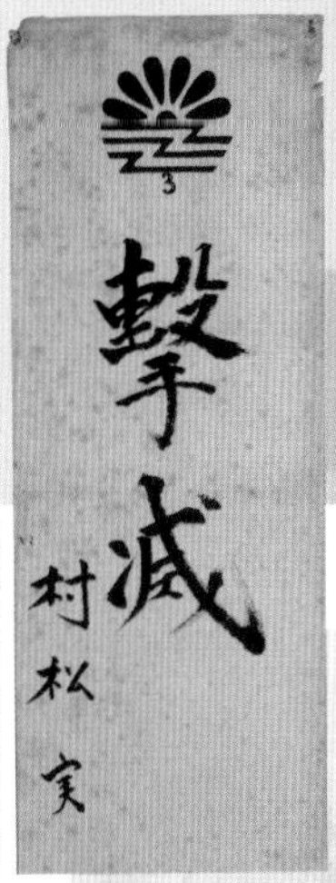

伊47潜から発進した村松実上曹の遺筆

見送りに応えながら出撃する伊53潜

伊53潜にて連合訓練中の回天搭乗員。
左から、久住中尉、伊東少尉、久家少尉、有森上曹

第六艦隊司令長官の三輪中将から訓示を受ける回天搭乗員たち（伊56潜）

伊53潜の艦上に並ぶ回天搭乗員たち。左から、久住中尉、伊東少尉、久家少尉、有森上曹

「回天金剛隊の歌」を斉唱しながら、発進

伊号第47潜水艦はウルシーとヤップ島の中間を潜航通過しながら、1945（昭和20）年の元旦を迎えた。原中尉は、「内地を遠く離れた南の海の中で、扇風機をかけながらのお正月も、誠に結構です」と、威勢よく雑煮のお代わりをしていた。前部兵員室では村松、佐藤の両曹を招き、特配の酒と缶詰を用意しての新年の宴《うたげ》が催《もよお》された。盛り上がるにつれて八木節音頭が流れ出し、ささやかながらも和気あいあいの正月風景が繰り広げられた。またこの日、艦内新聞の新春特集号では川久保中尉が作詩した『回天金剛隊の歌』が発表され、紙面を飾った。この歌は早速、先任将校の大堀正大尉によって作曲され、その日のうちに乗組員全員が愛唱するようになった。

同月8日、ホーランディア泊地の飛行偵察報告「巡洋艦、駆逐艦、大小輸送船約50隻が密集停泊中」が入電。同月11日午前11時、ホーランディア北方約3カイリに進入した。翌12日午前1時、出撃搭乗服に身を固めた搭乗員たちに、「発進点は金剛岬の北約18カイリ半、発進時刻は1号艇午前3時半、以降3号艇、4号艇、2号艇の順に5分間隔とする。発進後の各艇の針路180度、速力12ノット、金剛岬を回り込んだ後は、先発艇はなるべく奥の目標を設定し、突入時期がほぼ同じになるよう行動せよ」との命令が下った。

始めに村松、佐藤の両曹を乗艇させた後、伊号第47潜水艦は潜航進入に移った。午前3時、川久保、原両中尉も乗艇し、発進点に着いた。発進までのわずかな時間、乗員が合唱する『回天金剛隊の歌』に合わせて、搭乗員も斉唱しているのが電話を通して聞こえてきた。歌声は次第にかすれていき、最後の一節『すめらみくにを守りなん』は、誰もがこみ上げる涙をこらえながら唄い終わった。いよいよ回天発進の時がきた。「絶好の目標をとらえて必中撃沈せよ。発進用意ッ！」。同3時16分、「1号艇用意ッ！発進ッ！」。「ガチャン」と固縛バンドの外れる音、「ドーンッ」と回天が発動する音、「ガリッ」と電話線の切れる音に続き、艦尾にほの白く夜光虫が光り、川久保艇の発進を確認した。続いて、村松上曹の3号艇、佐藤一曹の4号艇が、同26分に原中尉の2号艇が発進していった。伊号第47潜水艦は回天各艇の走行状況を聴音で確かめた後、急速浮上して発進点を離れた。

回天の気筒爆発、自らの身を海底に沈めた久住中尉

一方、1944（昭和19）年12月30日に大津島基地を出撃した伊号第53潜水艦がコッソル水道に接近した、翌年1月12日午前零時頃。久住宏中尉の1号艇は潜水艦を離れ、機関を発動した直後、機械室から突如火を噴いた。久住艇は潜水艦から約200メートルのところで5分後に沈没した。2号艇の久家稔少尉は悪性のガスを吸い、電話器を通じて激しい呼吸音が聞こえるだけで応答がない。艦長は5分の発射間隔を3分に短くして、伊東修少尉と有森文吉上曹が乗った残りの2基を発進。急速浮上して2号艇のハッチを開け、失神している久家少尉を引き上げた。久住中尉の1号艇を探したが、すでに発見することはできなかった。敵泊地を目の前にして、航走不能になったことを知った久住中尉は、後続艇の邪魔になること、敵艦に発見されること、潜水艦が自分を救助するために浮上してくること、などを避けるためであろう、直ちに燃料や空気を停めて火を消すとともに、艇内に海水を入れて自沈したのである。艦長は第六艦隊の各司令長官宛てに戦況を打電したうえで、「不慮の事故を生起し、攻撃力半減誠に申し訳なし。特に1号艇久住中尉の尽忠《じんちゅう》を察すれば断腸の思いあり」と付け加えた。同潜水艦は帰投命令により、同月26日、呉に帰還した。

内火艇を離れる伊53潜

■回天特別攻撃隊

「金剛隊」

伊58潜の艦上で訓示を受ける回天搭乗員たち

伊号第36•53•58潜水艦 出撃

左から、
前列／本井少尉、都所中尉、石川中尉、寺本伊号第36潜艦長、豊増伊号第53潜艦長、三輪長官、橋本伊号第58潜艦長、加賀谷大尉、久住中尉、工藤中尉
中列／浅岡副官、森二飛曹、久家少尉、伊東少尉、有森上曹、福本上曹、三枝二飛曹、板倉参謀
後列／吉野参謀、鳥巣参謀、揚田司令、長井司令官、有近参謀、末広艦隊主計長

伊58潜の艦上から見送りに応える回天搭乗員たち

突入前夜、念願の南十字星を探す18歳

橋本以行少佐が艦長を務める伊号第58潜水艦には回天搭乗員として、石川誠三中尉、工藤義彦中尉のほか、予科練出身者最初の回天搭乗員で、18歳そこそこの森稔、三枝直両二飛曹が乗艦し出撃。森、三枝両人は「まだ、南十字星を見たことがないので、南方に行ったら、よく眺めることができる」と、楽しみにしていた。突入の日が近づいても、2人は底抜けの明るさで無邪気に笑い合っていた。それを垣間《かいま》見る乗員たちはいたたまれない気持ちであったという。1945（昭和20）年1月12日未明、グアム島突入の直前に、2人は揃って艦橋に上り、艦長に「南十字星はどれですか」と尋ねた。突然のことで、艦長は空を見上げたが見当たらない。航海長なら分かるだろうと聞いたところ、まだ出ていないとのことであった。「もう少ししたら南東の空に美しく出るよ」と教えてやったが、「乗艇します」と敬礼をし、立ち去ろうとする2人。艦長は1人ずつ手を握り、「成功を祈ります」と敬語で見送った。

同日、グアム島西海岸のアプラ港の湾口まで32kmに接近した伊号第58潜水艦はすぐさま潜航し、発進地点へ向かった。午前2時4分、石川中尉、工藤中尉が回天に乗艇し、発進準備を完了。同潜水艦は午前3時10分に発進地点に到達すると、すぐさま石川艇が発進した。同16分には森艇が、同24分には工藤艇が続き、同時に三枝艇は電話が不通となっていた。同潜水艦が浮上して確認すると、三枝艇は架台に乗ったままスクリューが回転していて、熱走状態にあった。すぐに潜航し、固縛バンドを外すと三枝艇は発進していった。午前3時27分であった。離脱しながら明るくなるのを待って観測すると、視野のきかないアプラ港にわずかに黒煙を発見したが、確かな戦果を確認できないまま、同艦は退避し、同月22日に呉に帰還した。

全艇発進、弾薬輸送艦「マザマ」に突き刺さった回天

伊号第53、58潜水艦と同じく、1944（昭和19）年12月30日に大津島基地を出撃した伊号第36潜水艦は、菊水隊のときと同様、ウルシー泊地を目指した。艦長は寺本巌少佐、回天搭乗員は加賀谷武大尉、都所静世中尉、本井文

伊58潜が攻撃したグアム島アプラ港

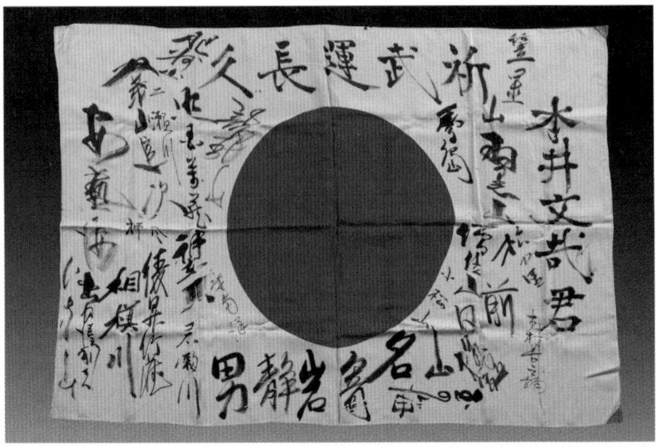

本井文哉少尉（伊36潜）が海軍機関学校に在学中、相撲の慰問に訪れた力士たちから贈られた寄せ書き

伊36潜の艦上で訓示を受ける回天搭乗員たち

大津島基地を離れる伊48潜

伊号第48潜水艦 出撃

左から、
前列／井芹二曹、豊住中尉、當山艦長、三輪長官、吉本中尉、塚本少尉、揚田司令
後列／鳥巣参謀、郡島艦隊機関長、長井司令官、有近参謀、渋谷連合艦隊参謀、板倉参謀

哉少尉、福本百合満上曹の4人。伊号第36潜水艦は、翌1945（昭和20）年1月11日午後1時、潜航したままヤウ島に座礁したが、翌12日午前2時、かろうじて離礁に成功し、回天の発進準備に取りかかった。同日午前3時42分、加賀谷艇が発進し、本井艇、都所艇が続いた。福本艇は高圧空気が漏れ、苦しい状態だったが、同57分に発進していった。都所中尉は幼い頃に母を亡くし、義姉に宛てて、心優しい人柄のにじみ出る遺書を残している。あとの3人も劣らず情に深い人物で、乗員たちは皆涙を流して発進を見送ったという。4基の発進後、同潜水艦はすぐに深々度潜航に移ったが、午前4時1分に哨戒艇が接近し、爆雷の投下が始まった。一方、ウルシー泊地内では弾薬輸送艦「マザマ」の40ヤード離れた場所で爆発が起きた。その衝撃で1番船倉のハッチが吹き飛び、船倉や前部弾薬庫などに浸水。艦首が沈み、艦尾が上がった状態になったが、沈没には至らなかった。回天の司令塔が艦底に突き刺さっていたことから、この攻撃は回天によるものと推測された。また、同日早朝、揚陸艇が回天の攻撃により沈没した。伊号第36潜水艦は午前5時57分、同6時、同6時10分、同6時13分と立て続けに爆発音を遠くに聞いた後、帰還した。

母の着物で作った座布団を敷き、出撃した予備学生

当山全信少佐が艦長を務める伊号第48潜水艦は1945（昭和20）年1月9日、大津島基地を出撃し、ウルシー泊地へ向かった。搭乗員は、菊水隊として出撃したが発進できず引き返した吉本健太郎中尉、豊住和寿中尉に加え、塚本太郎少尉、井芹勝見二曹の4人である。しかし、同潜水艦は出撃してからは一切連絡がなく、そのまま消息不明となった。同月31日、第六艦隊が呉への帰投命令を下したが、応答はなかった。搭乗員の1人、塚本少尉は兵科四期予備学生のトップを切って出陣した。長男であるため、搭乗員の志願を断られたが、「弟がいますからかまいません」と血書を書いて嘆願した。訓練先の大津島基地からの最後の帰省の折、着物姿の母親に「お母さん、その着物で座布団をつくってください」と言った。出撃のときに、回天の座席に敷くためだったのだろう。母の最期の日に、家族は生前の願いどおり、袖で塚本少尉への座布団をつくった着物を着せたという。

伊48潜の短刀伝達式。左から、吉本中尉、豊住中尉、塚本少尉、井芹二曹

伊48潜の艦上から見送りに応える回天搭乗員たち

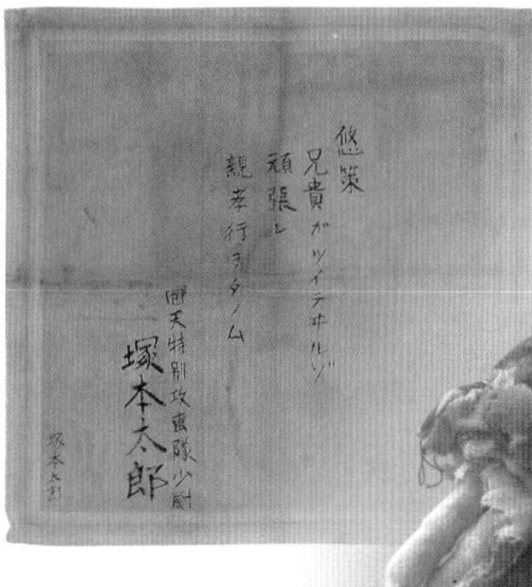

塚本太郎少尉（伊48潜）が出征前に母からもらったハンカチに書いた弟宛ての遺書
提供／塚本悠策・
呉市海事歴史科学館（大和ミュージアム）

呉第一高等女学校の女学生から
塚本少尉に贈られた慰問人形

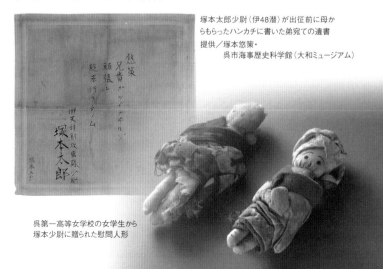

「千早隊《ちはやたい》」

“純忠《じゅんちゅう》に死すは大孝《たいこう》に生きる”

～芝崎昭七二飛曹の遺書の一節から～

■搭載潜水艦／①出撃基地名②出撃年月日③出撃回天数（基）
■伊号第368潜水艦／①大津島②1945（昭和20）年2月20日③5基　■伊号第370潜水艦／①光②1945（昭和20）年2月21日③5基
■伊号第44潜水艦／①大津島②1945（昭和20）年2月23日③4基

伊号第368潜水艦 出撃

左から、
前列／磯部二飛曹、石田少尉、入沢艦長、三輪長官、川崎中尉、難波少尉、芝崎二飛曹
後列／浅岡副官、足羽艦隊軍医長、井浦参謀、長井司令官、有近・鳥巣・板倉各参謀

硫黄島付近で消息を断った2隻

1945（昭和20）年2月19日の米軍による硫黄島への上陸開始を受け、第六艦隊は急遽《きゅうきょ》、伊号第368、370、44潜水艦の3隻による回天特別攻撃隊千早隊を編成した。攻撃目標は「硫黄島付近を航行中の敵有力艦船」。つまり、これまでの停泊している空母や戦艦から、移動中を含む主要艦船へと攻撃目標が変更されたのである。この場合の航行中の艦船とは、単に洋上で遭遇した艦船ではなく、交戦中の戦場海域における艦船という意味である。菊水隊や金剛隊が行った泊地内の停泊艦への奇襲攻撃よりもはるかに厳重な警戒をかいくぐりながら、浮上充電や搭乗員乗艇を行い、さらには発進後の回天が交戦している水域の中でさらなる敵艦探索および突入を行うため、より困難で危険なことは明らかだった。

川崎順二中尉、石田敏雄少尉、難波進少尉、磯部武雄二飛曹、芝崎昭七二飛曹の5人の回天搭乗員が乗艦した伊号第368潜水艦は同月20日、大津島基地を出撃した。翌21日には、岡山至少尉、市川尊継少尉、田中二郎少尉、浦佐登一二飛曹、熊田孝一二飛曹の5人が伊号第370潜水艦に乗り込み、光基地を出撃した。さらに、同月23日、土井秀夫中尉、亥角泰彦少尉、館脇孝治少尉、菅原彦五二飛曹の4人の回天搭乗員を乗せた伊号第44潜水艦が大津島基地を出撃。各艦の回天隊では搭乗員各自が携行する硫黄島水域の海図さえ用意する時間がなく、基地の士官搭乗員たちが徹夜で海図を模写し、辛うじて出撃に間に合わせたという。伊号第368、370両潜水艦は、硫黄島に上陸を開始した米軍の大部隊に立ち向かったが、攻撃決行の予定期日を過ぎても両潜水艦からの連絡は一切なかった。同年3月6日、第六艦隊は作戦中止、帰還を命じたが、ついに2隻は戻らなかった。

鉢巻を受領する市川少尉

母の夢まくらに立ち、今生の別れを告げた搭乗員

亡くなった伊号第370潜水艦の搭乗員の一人、熊田二飛曹はユーモアに富む茶目っ気のある好少年で、隊員の間で人気者であったという。出撃当日、『もりもり食らい、もりもり肥《こ》ゆるも国の為　熊田兵曹』と書き残している。伊号第368潜水艦とともに消息を絶った芝崎二飛曹は、13期甲種飛行予科練習生だった1944（昭和19）年8月中旬、特攻を知りながら回天に搭乗することを熱望した。同月29日、土浦航空隊での最後の外出を許された際には、旭川から訪れた父母と楽しいひとときを過ごした。翌30日、母親との面会の折、「絶対に他言《たごん》しないでください」と念を押し、自身が必死の覚悟であることを涙ながらに伝えた。それを聞いた母親もまた、息子の死を覚悟していた。母の言葉に安心した芝崎予科練生は面会所から退席し、しばらくして晴れ晴れとした表情で戻ってきた。着席するやいなや「お母さん、願書を出してきましたよ」と言いながら、小指の包帯を取って見せた。彼は血書をしたため、特攻への道を決意したのである。芝崎二飛曹は出撃の前夜、母親宛に「純忠に死すは大孝に生きる」という内容の遺書を書き残している。1945（昭和20）年2月27日の真夜中、ふいに帰ってきた芝崎二飛曹が新しい寝巻姿で母親の枕元に立ち、「お母さん、おやすみなさい」と声をかけた。母親はハッと目を覚ましたが、そこには彼の姿はなく、瞬間にわが子の死を悟《さと》った母親は仏壇に灯明をつけ、線香をあげて祈ったという。

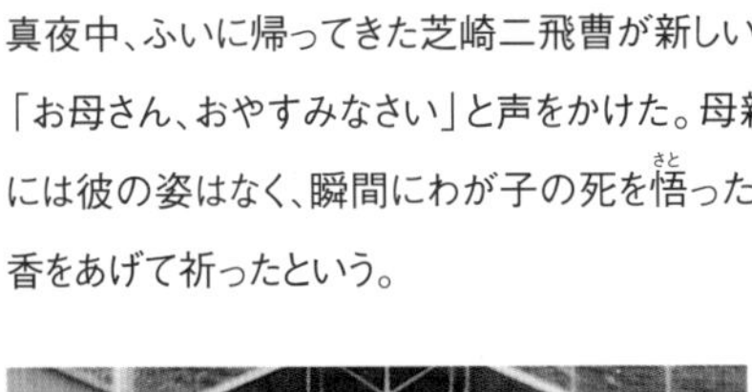

桟橋まで続く隊員の見送りを受け、伊368潜へ向う回天搭乗員たち

増速する艦上で軍刀を振る回天搭乗員（伊370潜）

伊370潜で出撃、戦死した浦佐登一二飛曹の遺書

俺ハ趣味ニ生キタ
十九歳ノ長キ年月マデ育クンデ下サッタ
國家ニ対シテ感謝アルノミデアル
噫 絶忠ニ殉ジテ大孝ニ生キン哉男子ノ本懐ナリ
海軍二等飛行兵曹　芝崎昭七

伊368潜で出撃、戦死した芝崎昭七二飛曹の遺筆

出撃を祝う鯉のぼりの下で鉢巻を受ける岡山少尉（伊370潜）

47時間もの連続潜航に耐え、帰還した伊号第44潜水艦

一方、伊号第44潜水艦は2月25日夜、計画どおりに硫黄島南西約50カイリの海域に到達した。駆潜艇の音源が接近してきたことから、深々度に潜航したものの音源は消えず、翌日になると捜索艦艇の音源はますます増し、スクリュー音も聞こえてきて、いつ爆雷攻撃が始まってもおかしくない状況であった。27日朝、潜航時間はすでに30時間を超過。艦内の酸素は少なくなり、炭酸ガス濃度は大気の200倍になり、呼吸すら苦しい状況に陥《おちい》った。川口源兵衛艦長は、米軍泊地への接近は難しいと判断し、水中低速で脱出を図った。同日夕刻にはスクリュー音も聞こえなくなり、同潜水艦は午後10時に浮上。実に連続潜航47時間の末、無事に離脱に成功し、回天突入の機会を得ずして帰還した。

見送りに応えながら桟橋へ向う回天搭乗員たち（伊44潜）

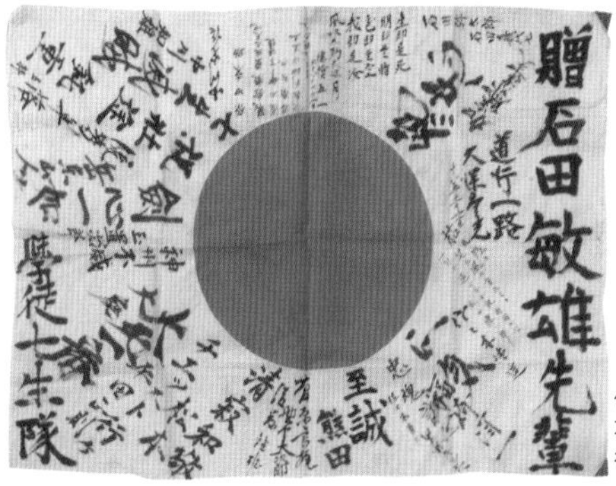

伊368潜とともに散った石田敏雄少尉へ贈られた後輩たちの寄せ書き

伊44潜の出撃時。左から、菅原二飛曹、亥角少尉、土井中尉、館脇少尉

伊370潜の出撃時。左から、浦佐二飛曹、市川少尉、岡山少尉、田中少尉、熊田二飛曹

怒濤逆巻く太平洋の
波に消え行く回天隊
海軍少尉　石田敏雄

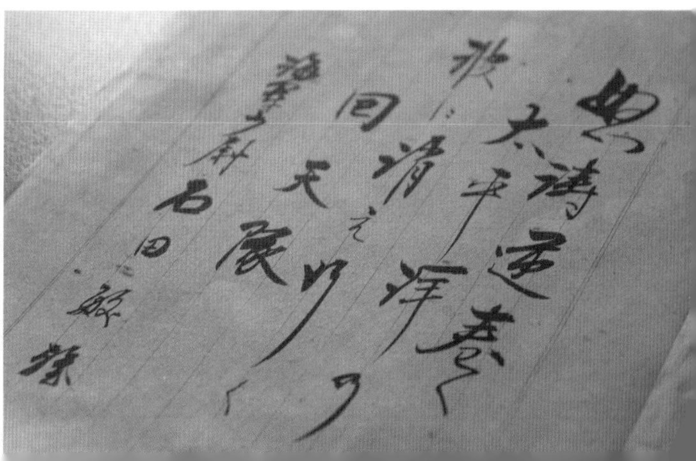

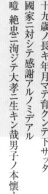

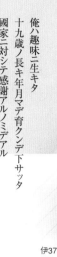

「神武隊《じんむたい》」

“帰投命令により、またもや発進叶わず！”

～伊号第36潜水艦の回天搭乗員4人～

■搭載潜水艦／①出撃基地名②出撃年月日③出撃回天数（基）
■伊号第58潜水艦／①光②1945（昭和20）年3月1日③4基　■伊号第36潜水艦／①大津島②1945（昭和20）年3月2日③4基

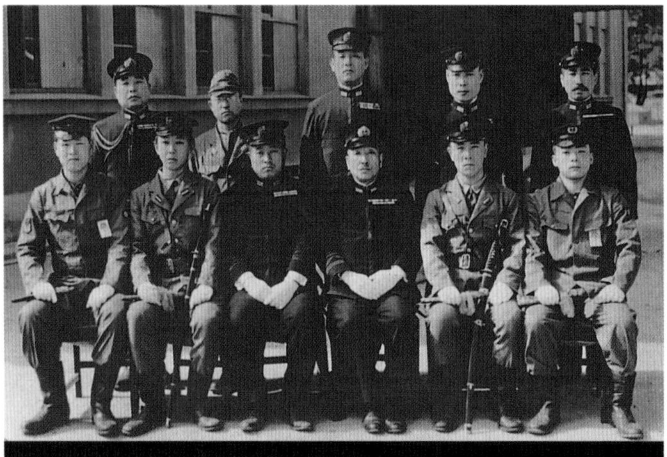

伊号第58潜水艦 出撃
左から、
前列／入江二飛曹、園田少尉、橋本艦長、三輪長官、池渕中尉、柳谷二飛曹
後列／鳥巣参謀、足羽艦隊軍医長、長井司令官、揚田司令、是枝少佐

伊号第36潜水艦 出撃
左から、
前列／山口一曹、前田中尉、菅昌艦長、三輪長官、柿崎中尉、古川上曹
後列／板倉参謀、揚田司令、有近参謀、長井司令官、末広艦隊主計長、鳥巣参謀、不詳

突如の作戦中止命令が下る

1945（昭和20）年2月19日の米軍大部隊による硫黄島への上陸開始を受けて、伊号第368、370、44潜水艦の3隻で編成された千早隊が出撃したが、思うような戦果は上げられなかった。そこで、第六艦隊は伊号第36、58潜水艦による回天特別攻撃隊神武隊を編成し、硫黄島方面への出撃を命じた。

橋本以行少佐が艦長を務める伊号第58潜水艦は同年3月1日、池淵信夫中尉、園田一郎少尉、入江雷太二飛曹、柳谷秀正二飛曹の4人の回天搭乗員を乗せ、光基地を出撃した。同潜水艦は対空警戒装置として、昇降式短波マストの上端に無指向性アンテナを装着した従来の対空電探のほかに、指向性アンテナを使った「十三号対空電探」を艦橋に装備。昼間はこれらの電探で対空警戒に当たり、洋上に浮上して高速で急進撃を行うのである。視界が悪い夜間は潜航しながら、戦場へ向かった。橋本艦長は硫黄島の南方・東方は米軍艦隊の補給交通路に当たり、警戒が厳重であると判断し、硫黄島の北西17カイリを回天の発進地点に選定した。周辺では哨戒機や艦船を発見するたび、潜航回避を繰り返しながら進行を継続した。発進地点が目前となった頃、いったん浮上し、交通筒のない左右2基の回天に搭乗員を乗艇させ、予定地点へ潜航しながら接近した。いよいよというそのとき、突如、作戦中止の命令を受信した。連合艦隊は同月6日、潜水艦での硫黄島方面の作戦は難しいと判断し、次の作戦に備えるために中止を決定。第六艦隊は各潜水艦に帰投命令を発信したのである。

空の若者たちの特攻を導いた伊号第58潜水艦

その直後、伊号第58潜水艦は緊急指令を受け、南西750カイリ先の沖の鳥島西方海面に進出。航空特攻「第二次丹作戦（梓《あずさ》特攻隊）」の電波誘導艦を命じられた。この第二次丹作戦とは、3人乗りの陸上攻撃機「銀河」24機がそれぞれ800kg爆弾を搭載して鹿児島県の鹿《かの》屋《や》基地を発進し、1,360カイリを無着陸飛行して、ウルシー泊地の米軍機動部隊を急襲する長距離航空特攻のことである。帰還することは物理的に不可能なこの片道特攻により、多くの搭乗員が命を落とした。1945（昭和20）年3月11日、交通筒のない2基の回天を放棄して指定海面へ急行、同潜水艦は任務を終え、同月16日に光基地へ戻った。艦から搭乗員と回天を降ろし、翌17日に呉に帰還した。

金剛隊のときと同様、発進できず帰還した伊号第36潜水艦

伊号第36潜水艦は1945（昭和20）年3月2日、大津島基地を出撃した。艦長は菅昌徹昭少佐、回天搭乗員は柿崎実中尉、前田肇中尉、古川七郎上曹、山口重雄一曹の4人。彼ら搭乗員は金剛隊の伊号第56潜水艦でアドミラルティ諸島の攻撃に向かったが、発進叶わず帰還した組であった。しかし、ここでもまた、同潜水艦は同月6日の第六艦隊からの帰投命令を受け、その3日後の9日に大津島基地に戻り、回天と搭乗員を艦から降ろし、翌10日に呉に帰還した。

伊58潜の艦上より
訣別の礼

光基地の短刀伝達式で短刀を受け取る池淵中尉

「多々良隊《たたらたい》」

“またも武運に見放されて……”

～3度目の突入も叶わなかった柿崎実中尉の言葉から～

■搭載潜水艦／①出撃基地名②出撃年月日③出撃回天数（基）
■伊号第47潜水艦／①光②1945（昭和20）年3月29日③6基　■伊号第56潜水艦／①大津島②1945（昭和20）年3月31日③6基
■伊号第58潜水艦／①光②1945（昭和20）年3月31日③4基　■伊号第44潜水艦／①大津島②1945（昭和20）年4月3日③4基

伊号第47潜水艦 出撃

左から、
前列／横田二飛曹、山口一曹、前田中尉、
折田艦長、三輪長官、柿崎中尉、
古川上曹、新海二飛曹
後列／是枝少佐、鳥巣参謀、郡島艦隊機関長、
長井司令官、末広艦隊主計長
板倉参謀、三谷大尉

潜水艦4隻態勢で沖縄戦に参戦

1945（昭和20）年3月23日、沖縄戦の火蓋が切られ、沖縄周辺の米軍艦船を攻撃するために連合艦隊の全力投入が決定した。これに伴い、伊号第47、56、44、58潜水艦の4隻で多々良隊が編成され、同29日、先陣をきって、回天戦歴戦の伊号第47潜水艦が光基地を出撃した。早咲きの桜の枝を1本ずつ手に乗艦した搭乗員は6人。柿崎実中尉、前田肇中尉、古川七郎上曹、山口重雄一曹の4人は、金剛隊（伊号第56潜水艦）、神武隊（伊号第36潜水艦）と2回も出撃したにもかかわらず、発進の機会を得られないまま基地に帰還し、出番を待っていた。その4人に加えて、新海菊雄二飛曹、横田寛二飛曹が顔を連ねた。

「絶好の死場所を得るまでは、生死を超克していくのだ。」

同30日早朝、まだ豊後水道を出たばかりの所で、米軍機動部隊の前衛駆逐艦のレーダーに捕らえられてしまった。すぐに急速潜航したものの手遅れで、あの手この手で逃避を試みたが、ソナーで追跡され、夜明けを待って、駆逐艦2隻が爆雷攻撃を開始した。このままでは、回天もろとも無駄死にしてしまう。折田善次艦長は必死に全速力の変針変深を繰り返した。回避運動に全精力を投入している間の爆発は、何と連続21発を数えたのである。執拗《しつよう》な駆逐艦の追跡を振り切り、ほっとしたのもつかの間、その夜には対潜哨戒機の超低空奇襲爆撃を受けたが、間一髪でこれを回避した。

危機は脱したものの、潜望鏡は漏水《ろうすい》、燃料タンクは破損、作戦続行など思いもよらぬ状況だった。作戦中止、基地帰投を知った柿崎中尉は「艦長、残念です！今度こそ本望《ほんもう》貫徹と決心していたのに、またも武運《ぶうん》に見放されて…。私たちだけがなぜこうも発進突入の機会に恵まれないのでしょうか。今度の帰投で3回目です。このままおめおめと生きて帰るくらいなら、いっそ思いきって自決したい気持ちです！」と訴えた。これに対し、艦長は「本艦は深傷を負っているのだ。猪突《ちょとつ》猛進の犬死にならいつでもできる。だが、君たちは金剛隊でも神武隊でも、今度の多々良隊でも、大事な命をつなぎ留めてきたのだ。ここで短気を起こしてはいかん。絶好の死場所を得るまでは、生死を超克していくのだ。いいか、前田や古川、山口たちにも、よく言い聞かせてくれ」と慰め励ましたという。

短刀を受け取る伊47潜の回天搭乗員。
左から、前列／折田艦長、柿崎中尉、前田中尉、古川上曹、山口一曹、新海二飛曹、横田二飛曹

両側に並ぶ基地隊員へ
別れを告げ桟橋へ。
先頭は柿崎中尉

■回天特別攻撃隊

「多々良隊」

栈橋へ向かう回天搭乗員たち　先頭から6人は整備員（伊56潜）

伊号第56潜水艦 出撃

左から、
前列／矢代二飛曹、宮崎二飛曹、八木少尉、
正田艦長、三輪長官、福島中尉、
川浪二飛曹、石直二飛曹
後列／鳥巣参謀、足羽艦隊軍医長、
有近参謀、揚田司令、板倉参謀

出撃後、連絡を絶った伊号第56・44潜水艦

正田啓二少佐が艦長を務める伊号第56潜水艦には、福島誠二中尉、八木寛少尉、川浪由勝二飛曹、石直新五郎二飛曹、宮崎和夫二飛曹、矢代清二飛曹の6人の回天搭乗員が乗艦。1945（昭和20）年3月31日、沖縄の上陸地点周辺に集まる米軍機動部隊や上陸部隊の艦船を攻撃するために大津島基地を出撃したが、そのまま消息不明となった。

一方、伊号第44潜水艦は1945（昭和20）年4月3日、大津島基地を出撃し、沖縄海域へ向かった。艦長は増沢清司少佐、搭乗員は千早隊で出撃し帰還した、土井秀夫中尉、亥角泰彦少尉、館脇孝治少尉、菅原彦五二飛曹の4人。出撃以来、同潜水艦からの連絡がないまま、第六艦隊は同月14日に沖縄とマリアナ諸島を結ぶ線上に進出し、洋上を航行中の米軍艦船を攻撃するよう命令を下した。その後、同月21日に帰投を命じたが、伊号第44潜水艦は帰還しなかった。

アメリカの記録によると、沖縄海域へ向かった伊号第56潜水艦は3月31日に、伊号第44潜水艦は4月17日にそれぞれ撃沈。伊号第56潜水艦の回天搭乗員、乗員の計122人と、伊号第44潜水艦の回天搭乗員、乗員の計130人が戦死した。

内火艇より見送る伊56潜の壮途

伊56潜で出撃し、帰還しなかった回天搭乗員。
左から、前列／石直二飛曹、八木少尉、福島中尉　後列／川浪・宮崎・矢代各二飛曹

荒天と厳重な警戒に遭い、帰還した伊号第58潜水艦

伊号第58潜水艦の艦長は、金剛隊、神武隊に続く出撃となった橋本以行少佐。米軍が沖縄本島への大規模な上陸作戦を始めた1945（昭和20）年3月31日、沖縄本島の西方海域を目指して光基地を出撃した。回天搭乗員は、神武隊と同じ顔ぶれの池淵信夫中尉、園田一郎少尉、入江雷太二飛曹、柳谷秀正二飛曹の4人。橋本艦長は戦艦「大和」出撃の知らせを聞き、同艦隊の後に続いて一緒に突入すれば沖縄にたどり着けると考え、艦隊の到着を待った。しかし、最強の不沈艦と言われた「大和」と、軽巡洋艦「矢矧《やはぎ》」、駆逐艦4隻は米軍第58機動部隊の艦載機の猛攻撃を受け、徳之島沖の東シナ海であえなく撃沈され、大和出撃作戦は中止せざるを得なかった。その後、荒天と米軍の厳重な警戒のため、同潜水艦は4月29日に光基地に帰還。多々良隊作戦において出撃した潜水艦4隻のうち、帰還したのは伊号第47、58潜水艦の2隻だけであった。

伊号第58潜水艦 出撃

左から、
前列／不詳、入江二飛曹、園田少尉、橋本艦長、三輪長官、池淵中尉、柳谷二飛曹、
長井司令官
後列／是枝少佐、末広艦隊主計長、郡島艦隊機関長、井浦参謀、揚田司令、
有近・鳥巣・板倉各参謀、不詳

伊44潜に向かう内火艇の上で敬礼。
左から、土井中尉、舘脇少尉、亥角少尉、菅原二飛曹

伊44潜で出撃、帰還しなかった
舘脇孝治少尉の遺筆

伊号第44潜水艦 出撃

左から、
前列／菅原二飛曹、亥角少尉、増沢艦長、
三輪長官、土井中尉、舘脇少尉
後列／板倉参謀、坂本参謀、井浦参謀、
長井司令官、有近参謀、
揚田司令

鉢巻を受領する土井中尉（伊44潜）

笑顔で別れを告げる回天搭乗員たち（伊44潜）。
左から、亥角少尉、舘脇少尉、菅原二飛曹、西山兵曹（整備員）
後方で見送るのは着任早々の海軍兵学校74期生たち

短刀を受け取った回天搭乗員(伊44潜）。
左から、前列／土井中尉、亥角少尉、舘脇少尉、菅原二飛曹

艦上にて長官訓示を受ける回天搭乗員（伊44潜）
左から、土井中尉、亥角少尉、舘脇少尉、菅原二飛曹

伊44潜とともに散った亥角泰彦少尉の遺書

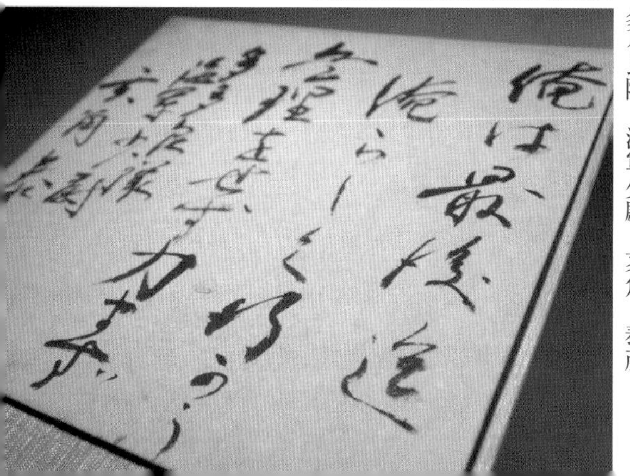

俺は最後まで俺らしく行こう
無理をせず力まず
多々良隊　海軍少尉　亥角　泰彦

伊56潜の艦上より訣別。
左から、福島中尉、八木少尉、
川浪・宮崎・石直・矢代各二飛曹

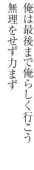

「天武隊《てんむたい》」

“はいッ、しっかりやります”

～前田肇中尉の発進時の言葉から～

■搭載潜水艦／①出撃基地名②出撃年月日③出撃回天数（基）
■伊号第47潜水艦／①光②1945（昭和20）年4月20日③6基　■伊号第36潜水艦／①光②1945（昭和20）年4月22日③6基

伊号第36潜水艦 出撃

左から、
前列／松田二飛曹、海老原二飛曹、八木中尉、菅昌艦長、長井司令官、久家少尉、野村二飛曹、安部二飛曹
後列／宮田大尉、浜口整備長、揚田司令、不詳、内田参謀、板倉参謀、是枝少佐、三谷大尉

「人間魚雷の本領を発揮せよ」

米軍の艦船停泊地では、回天突入に対する警戒が強化されたため、回天戦は停泊艦攻撃を中心とした戦法から、航行中の輸送船団を攻撃する戦法へと転換された。その先がけとして、歴戦を誇る伊号第36、47潜水艦の2隻による回天特別攻撃隊天武隊が編成された。多々良隊で受けた損傷の修理を終え、戦備の整った伊号第47潜水艦は1945（昭和20）年4月17日、呉軍港を離れ、光基地に移動。多々良隊と同じ顔ぶれの柿崎実中尉、前田肇中尉、古川七郎上曹、山口重雄一曹、新海菊雄二飛曹、横田寛二飛曹の6人が、「またお世話になります」と晴れ晴れとした表情で乗り込んだ。翌日、同潜水艦は訓練用回天を搭載し、伊予灘《いよなだ》に出動。駆逐艦を標的にして連合訓練を行った。

同20日、満開の桜を手に戦友たちの見送りに応える伊号第47潜水艦の搭乗員たちは、光基地を出撃し、一路、沖縄とマリアナ群島を結ぶ中間海域に向かった。哨区到着を翌日に控えた同23日の昼食に、搭乗員を士官室に招いて別れの宴《うたげ》が開かれた。乾杯に際し、折田善次艦長から「回天発進は、確信をもって私が命令する。諸君は人間魚雷の本領を発揮して、1基よく1艦に体当たりし、大敵を轟沈せんことを…」の言葉が贈られた。これに応えて、柿崎中尉が「覚悟はできていますし、腕には自信がありますから、人間魚雷なるがゆえの特別の深刻なご配慮は一切ご無用にお願いします。いつでも遠慮なく、魚雷発射と同じ気持ちで発進を命じてください」と、決意の程を示した。戦場を東西に移動哨戒すること5日間。目指す敵艦にはなかなか巡り会えなかった。

出撃前、満開の桜を手にした回天搭乗員（伊47潜）。
左から、横田二飛曹、古川上曹、柿崎中尉、前田中尉、山口一曹、新海二飛曹

回天の上に立ち、軍刀、桜を振りながら見送りに応える回天搭乗員（伊47潜）

前進微速で出撃する伊36潜

連合艦隊司令長官より贈られた短刀を受け取る久家少尉（伊36潜）

高らかに帽子を振り、壮途に就く伊36潜を見送る基地員

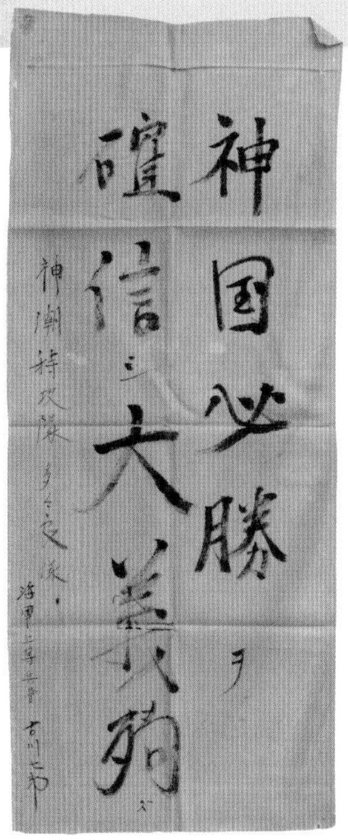
神国必勝ヲ
確信シ大義

4度目の出撃となる伊47潜で突入戦死した古川七郎上曹の遺筆

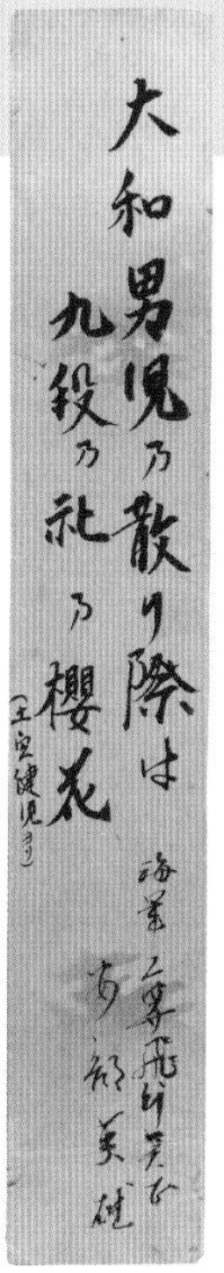
大和男児乃散り際は
九段乃社乃櫻花

伊36潜から突入した安部英雄二飛曹の短冊

出撃艇の手入れに込めた松田二飛曹の思い

一方、菅昌徹昭少佐が艦長を務める伊号第36潜水艦では出撃する4月22日朝、光基地で豊田副武連合艦隊司令長官から贈られた短刀を司令官より受け取り、その後、士官室で別れの盃《さかずき》が交わされることになっていた。定刻になり、出撃搭乗員が集合し終わっていたにもかかわらず、松田光雄二飛曹の姿だけが見えなかった。ほかの搭乗員たちが方々《ほうぼう》探したが、所在が分からないまま、別れの宴が始まった。皆がいらいらしていると、松田二飛曹がやっと姿を現した。愛艇の手入れに没頭して時間を忘れてしまい、遅刻したという。居合わせた人々は、彼の任務へのひたむきな姿勢に胸を打たれた。同27日朝、同潜水艦は沖縄に向かう約30隻の船団と遭遇。八木悌二中尉、安部英雄二飛曹、松田光雄二飛曹、海老原清三郎二飛曹の4人の回天搭乗員は船団目掛けて突入し、いずれも十数分の間に体当たりに成功した。残る久家稔少尉、野村栄造二飛曹の2艇は故障のために発進できず、帰還した。

内火艇上で花を持ち、別れを告げる回天搭乗員たち（伊36潜）

三好大尉の遺骨を胸に発進した柿崎中尉

伊号第36潜水艦からの戦闘速報を受信し、4基の突入成功を知ったその夜の伊号第47潜水艦では、成功に歓声を上げる一方、「先を越された」という口惜しさと、「今度もまた無駄足を踏むのでは」といった不安が交錯した。同年5月1日夜、レーダー室から「敵発見。輸送艦らしい」の報告が届いた。直ちに発令された「魚雷戦用意」。海上は荒れ模様で、しかも真っ暗闇だったことから、回天戦は無理と判断したからである。そこに、白鉢巻に搭乗準備を整えた柿崎中尉が艦橋に現れ、「目標が船団ならば、洋上回天戦に最適です。ぜひとも、回天も攻撃に使ってください。お願いします」と、詰め寄った。艦長はわざと柿崎中尉の方に振り向かず、潜望鏡にかじりつきながら、「海上は時化《しけ》ているし、真っ暗闇だ。無理することは絶対いかん。機会さえあれば回天戦も併用するから、あせらずに発令所で待機しておれ」と、わざとすげなく柿崎中尉を下がらせた。それから約40分後、魚雷4本を発射し、船種不明ながら、1隻目に2本、2隻目に1本、命中の火柱を確認した。

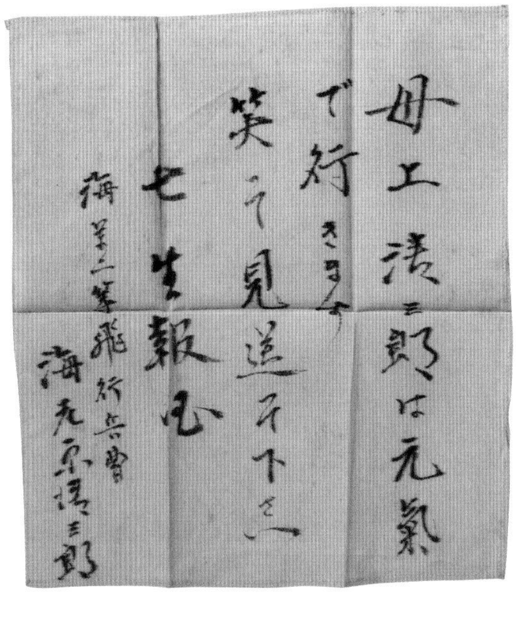
母上清三郎は元氣
七生報国
海軍二等飛行兵曹
海老原清三郎

海老原清三郎二飛曹（伊36潜）がハンカチに書き残した母宛ての遺書

■回天特別攻撃隊

「天武隊」

伊47潜の前甲板で自ら乗艇する予定の回天にまたがる前田中尉（左）と新海二飛曹

**伊号第47潜水艦
出撃**

左から、
前列／横田二飛曹、古川上曹、柿崎中尉、佐々木参謀長、折田艦長、長井長官、前田中尉、山口一曹、新海二飛曹
後列／三谷大尉、不詳、有近参謀、揚田司令、不詳、板倉参謀、是枝少佐

短刀を受ける安部二飛曹（伊36潜）

戦友に送られて桟橋へ向かう回天搭乗員（伊36潜）。先頭は久家少尉

翌2日午前9時過ぎ、聴音室はまたもや音源を捕捉《ほそく》。間髪を入れず、「総員配置につけッ!」「魚雷戦、回天戦用意ッ!」「深さ19、急げッ!」と矢継ぎ早に号令が飛んだ。机上訓練中だった柿崎中尉は、艦長の「さあ、いくぞッ!」の掛け声もろとも、訓練中に殉職した三好守大尉の遺骨を抱いて、回天に駆け込んだ。すれちがう乗員の激励と祈りを背に受けながら、艦内から愛艇に乗り込むと、一気に「発進用意」を整えた。海上は平穏で、目標の艦隊は低速で航行していた。「1号艇、4号艇、発進用意ッ!」と、柿崎中尉と山口一曹に先発が命じられた。「第一目標輸送船、第二目標駆逐艦。会心の命中を祈る!」「ありがとうございます。後は頼みますッ!」と言葉を交わした後、柿崎艇は「1号艇用意、発進ッ!」の命令で発進。その5分後、山口艇も発進した。それから21分が経過、突如、グワーンッと大爆発音が聞こえ、その余韻《よいん》に続いて2番目の大爆発音が、いずれも船団と同じ方向で起こった。残された乗組員たちは、潜水艦の艦体がユラユラと揺らぐのを感じたという。

「ど真ん中を狙え!成功を祈る!」

続いて、距離約4,000m、中速力で航行する大型駆逐艦2隻の編隊を発見した。回天なら、追撃・命中も可能と判断され、2号艇の古川上曹を向かわせることに決定。すぐさま発進用意を命じると、目標艦の速度や方向、発進後の針路・速力などを電話で連絡した。「相手は手強いぞ。しっかり頼む。成功を祈る。発進用意、発進ッ!」。「伊47潜水艦の武運長久《ぶうんちょうきゅう》を祈ります。さよならッ!」。別れの言葉を残し、海軍入籍以来、魚雷一筋に生き、「魚雷の虫」の異名《いみょう》をとった古川上曹は、ガーッという熱走音を発しながら突進していった。それから48分が経過。敵駆逐艦と回天の感度を捕捉。「回天の音源が高くなりましたッ!」。ひときわ高い聴音員の報告に、「突入だ、やるぞッ!」と思うまもなく、大轟音が長い余韻をひいて伝わってきた。

同年5月7日朝、レーダーが目標を捕らえた。距離約8,000m、速力16ノット前後で航行する軽巡洋艦である。聴音によると、巡洋艦のほかに、駆逐艦の音源が2方向にあり、いずれも短時間隔の、しかも大角度の之字運動を繰り返していた。これこそ、潜水艦にとって最大の敵、対潜掃討部隊の出現であった。「回天各艇発進用意ッ!」「戦闘魚雷戦、1、2番連管発射用意ッ!」と矢

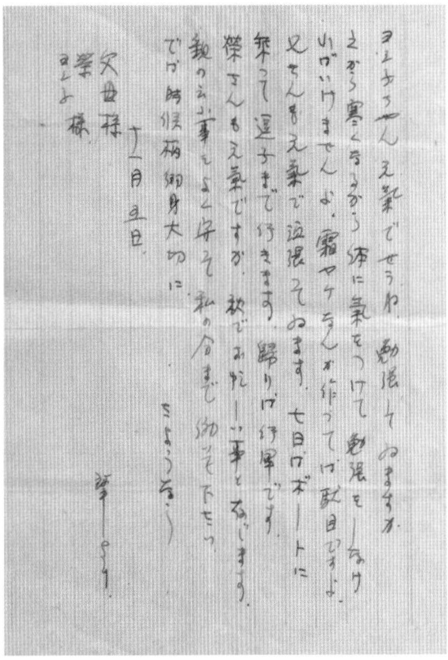

伊47潜から突入した前田肇中尉の家族宛ての遺書。残された弟妹に対するやさしい兄の手紙である

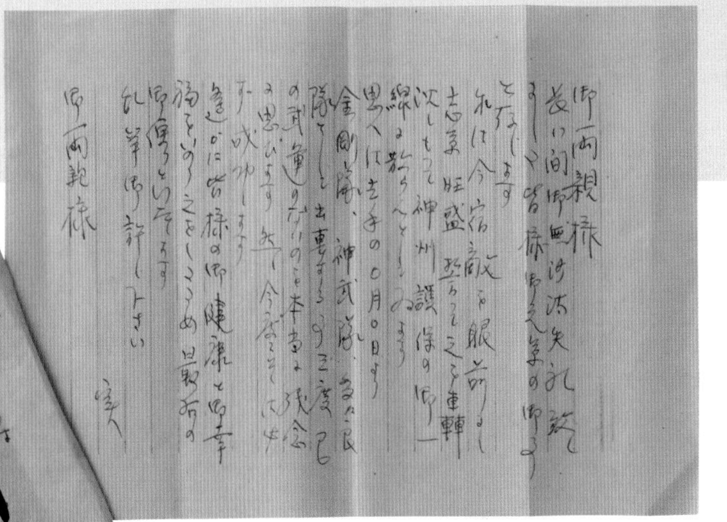
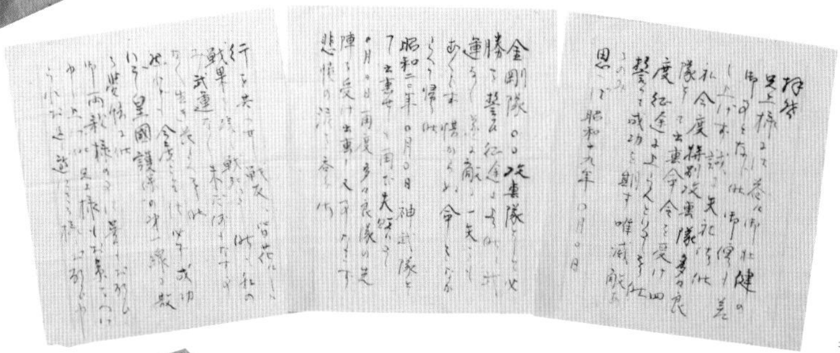
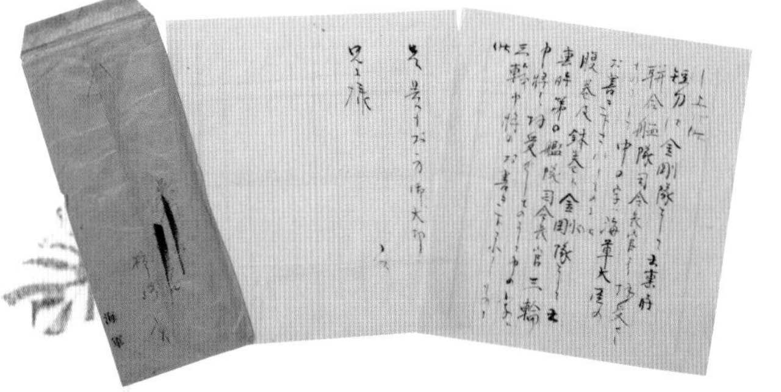

4度目の出撃で突入した柿崎中尉が、金剛隊・神武隊・多々良隊での不運の帰還と再度の出撃を決意した両親宛て（上）、兄宛て（下）の手紙。柿崎中尉は筆まめで、よく手紙を書いたり短歌を詠んだりしていた

継ぎ早に命令が下り、回天か魚雷か、或《ある》いは両者併用の攻撃か、臨機応変の構えがとられた。その後、目標艦との距離がなかなか縮まらず、魚雷の射程外に。艦長はすぐさま回天戦を決意し、各艇に必要な指示を与えた。5号艇の前田中尉からは電話応答があったが、何としたことか、3号艇と6号艇の連絡電話は感度不良。両艇の搭乗員の艦内復帰が命じられた。

「前田中尉、相手は巡洋艦だ。ど真ん中を狙って、思いきって突入せよ。成功を祈るッ!」「はいッ、しっかりやりますッ!」「用意、発進ッ!」。前田艇は見事に離艦した。聴音によると、音源の感度は頻繁に高くなったり、低くなったりした。巡洋艦が右に左に大変針運動をして、懸命の回避を試みていたのだろう。これには前田中尉も持てあましているに違いないと判断した艦長は、魚雷での助勢を命じた。そのとき、ガーンという大爆発音が1発轟《とどろ》いた。発進から約24分後、前田中尉の体当たり轟沈を確認した伊47潜水艦は、深度を深くとり、現場を離れた。

柿崎中尉は、金剛隊での44日間にわたる遠征むなしく帰還したあと、呉の宿で友と酒を飲み、声もなく泣いていた。期待に応えられなかった不運を恥じ、思いつめているようだった。4度目の出撃でようやく念願叶い突入した柿崎隊の4人。柿崎中尉は、最後に帰郷した際、母親に「母さん、おれの顔をよく見ておけよ。よく覚えておけよ。」と繰り返し言ったという。

出港直前、自ら乗艇する予定の回天の上に立ち見送りに応える回天搭乗員（伊47潜）

振武隊《しんぶたい》

“明日は敵に会うような気がします”

～帰投命令に対する搭乗員たちの声から～

■搭載潜水艦／①出撃基地名②出撃年月日③出撃回天数（基）
■伊号第367潜水艦／①大津島②1945（昭和20）年5月5日③5基

伊号第367潜水艦 出撃

左から、
前列／岡田一飛曹、吉留一飛曹、武富艦長、醍醐長官、藤田中尉、小野一飛曹、千葉一飛曹
後列／板倉参謀、末広艦隊主計長、長井司令官、有近参謀、揚田司令、鳥巣参謀

出撃――青く澄んだ空に翻る鯉のぼり

天武隊の成果を高く評価した第六艦隊は、回天による特攻を拡大、継続する方針を決定し、1945（昭和20）年5月初め、伊号第366、367潜水艦の2隻による回天特別攻撃隊振武隊を編成した。艦長たちも「潜水艦本来の使い方は、広い洋上での輸送路の破壊である」と歓迎した。しかし、伊号第366潜水艦は同月6日、光基地の沖合で回天を搭載し試験中に、潜航しようとしたその瞬間、米軍のB29爆撃機が投下していた磁気機雷に触雷してしまった。幸い沈没は免《まぬが》れたものの出撃不能となり、振武隊作戦は伊号第367潜水艦だけでの展開となった。

伊号第366潜水艦が事故を起こす前日の5月5日午前8時30分、藤田克己中尉、小野正明一飛曹、千葉三郎一飛曹、岡田純一飛曹、吉留文夫一飛曹の5人の回天搭乗員が伊号第367潜水艦に乗艦。同10時、武富邦夫少佐が艦長を務める同潜水艦は短波マストに結び付けた緋《ひ》色の大きな鯉のぼりを晴れ渡る5月の空に翻《ひるがえ》しながら、大津島基地を出撃し、沖縄とサイパンを結ぶ米軍の補給航路の中間水域へ向かった。

帰投命令にも、「あと1日の猶予《ゆうよ》を…」

サイパンから北西約450カイリの沖縄を結ぶ線上を航行中、水中聴音と輸送船団の電波を探知した。そのうち、「回天戦用意」の号令が3度発令されたが、いずれも距離が遠すぎたことから、発進には至らなかった。洋上行動の日数が20日以上経つと回天の故障が多発するという戦訓があったためか、同月26日に第六艦隊から帰投命令が下った。武富艦長は搭乗員全員を発令所に集め、作戦中止を伝えたが、搭乗員たちは「明日は敵に会うような気がします」と口々に1日の猶予を願い出たという。艦長は彼らの強い申し出に心を動かされ、50カイリ移動し敵を待った。搭乗員たちは最期を決し、貴重な真水を洗面器1杯分もらい、狭い艦内の通路で身体を清めた。潜水艦には浴室もシャワーもなかったからである。

翌朝午前3時30分、搭乗員たちの予感は的中し、北方約4万mの遠距離に船団を発見した。伊号第367潜水艦は同4時に潜航を開始し、長時間にわたって接近しようとしたが、近寄ることができず、同7時15分、「回天戦用意」の号令が下った。これを受け、整備員がすぐさま回天に乗艇し、発動弁の解放、電動縦舵機の起動など発進準備をすべて整い終えて、狭い操縦席の中で搭乗員と入れ替わった。整備員が艇外に出て下部ハッチを閉めた。搭乗員が艇内からハンドルを回して密閉すると、交通筒への注水が始まった。

次々と故障に陥る回天、そして過酷な発進

米軍船団は十数隻の輸送船に護衛のための駆逐艦を従え、沖縄方面へ向かっていた。同午前9時、艦長は「方位角左90度、速力12ノット、距離9,000m」と目標艦をとらえ、「速力20ノットで14分間全没進出せよ」と、前甲板に並んで搭載されていた1号艇の藤田中尉と2号艇の吉留一飛曹に命令した。ところが、藤田中尉の回天は発進直前に電動縦舵機が故障し、あえなく発進を中止。吉留艇も同様の故障で発進することができなかった。後甲板からは千葉一飛曹が乗艇した3号艇が同午前9時13分に発進。続いて、小野一飛曹が乗艇した5号艇も発進した。小野艇は気蓄器の高圧酸素が漏れ、航続力が低下していたが、次々と回天が故障する中、艦長はためらいながらもあえて発進を命令したという。4号艇に乗艇した岡田一飛曹は、速力を20ノッ

3号艇で突入戦死した
千葉三郎一飛曹の遺筆

幻となった振武隊伊号第366潜水艦。出撃のため最終訓練中の1945（昭和20）年5月6日、触雷損傷のため出撃中止となった
左から、
前列／桐沢少尉、加藤中尉、
後列／整備員、久本一飛曹、整備員、河村一飛曹、
整備員、石渡一飛曹、整備員、整備員

母艦に向う内火艇の上で見送りに応える回天搭乗員

出撃前、短刀を受け取る岡田一飛曹

五月晴れの空に鯉のぼりを高々と上げる伊367潜

艦上にて訣別の固い握手をする醍醐長官

トに調定し、発動鋅を後ろに力いっぱい押した。しかし、力強い燃走音は聞こえて来ず、高圧酸素の圧力計の針がどんどん下がり始めた。岡田一飛曹は電話で艦内の連絡係に「4号艇冷走!」と叫ぶような強い口調で連絡。それは訓練時には使わなかった言葉だったことから、連絡係は「熱走」と聞き誤り、その旨を司令塔に報告した。「第1バンド外せ」の号令により前部バンドが外され、回天は後部の第2バンドのみで甲板につながる状態になった。とっさに岡田一飛曹は「4号艇冷走らしい」と、再び言いなおした。それを聞いた連絡係はようやく異変に気づき、「冷走!」と司令塔に報告し、最後のバンドが外される直前に発進は中止された。

発進した3号艇と5号艇の推進器音はやがて遠くに消え、同9時51分頃に爆発音が、その数分後に再び爆発音が艦内の乗員たちの耳に届いた。距離は約2万m先、「両艇命中」と判断されたが、同潜水艦は回天発進後、深く潜航し、そのまま北方へ退避を続けたことから、爆発の状況を視認することはできなかった。伊号第367潜水艦は同日午後9時まで潜航した後に浮上。同月28日から帰途に就き、6月4日午後に大津島基地に帰り着いた。その後、光基地に回航して回天3基を艦から降ろし、翌5日に呉に帰還した。

艦上で長官訓示を受ける。左から、藤田中尉、吉留・小野・千葉・岡田各一飛曹

気蓄器が漏気した回天で突入を果たした小野正明一飛曹の遺筆

轟隊《とどろきたい》

“生きて帰ったからといって、冷たい目で見ないでください” ――― ～久家稔少尉の手記から～

■搭載潜水艦／①出撃基地名②出撃年月日③出撃回天数（基）
■伊号第361潜水艦／①光②1945（昭和20）年5月24日③5基
■伊号第363潜水艦／①光②1945（昭和20）年5月28日③5基
■伊号第36潜水艦／①光②1945（昭和20）年6月4日③6基
■伊号第165潜水艦／①光②1945（昭和20）年6月15日③2基

伊号第36潜水艦 出撃

左から、
前列／柳谷一飛曹、横田一飛曹、園田少尉、菅昌艦長、醍醐長官、池淵中尉、久家少尉、野村一飛曹
後列／板倉参謀、末広艦隊主計長、揚田司令、長井司令官、有近参謀、鳥巣参謀、是枝少佐

伊号第36潜水艦の悲劇――出撃前の訓練中に、2人が殉職

1945（昭和20）年5月末、回天特別攻撃隊轟隊が編成され、沖縄に侵攻した米軍の補給ルートを遮断《しゃだん》することになった。参戦するのは回天特攻隊として5回目の出撃となる大型潜水艦の伊号第36潜水艦、旧式の中型潜水艦伊号第165潜水艦、輸送潜水艦を改造した伊号第361、363潜水艦の計4隻である。伊号第36潜水艦の艦長を務めるのは、神武隊から引き続き、菅昌徹昭少佐。回天搭乗員は振武隊、多々良隊の両隊で伊号第58潜水艦に乗り込み出撃、帰還した、池淵信夫中尉、園田一郎少尉、入江雷太一飛曹、柳谷秀正一飛曹の4人と、金剛隊での伊号第53潜水艦および天武隊での伊号第36潜水艦で発進できないまま帰還した久家稔少尉、新たに加わった野村栄造一飛曹の計6人での編成だった。伊号第36潜水艦は光基地で訓練用回天を搭載した後、大津島沖合で発進と急速潜航訓練を重ねていた。そんな中、航行中の目標艦を攻撃する訓練中に入江一飛曹が目標艦に衝突し沈没。同乗の坂本豊治一飛曹とともに殉職した。そこで、多々良隊の伊号第47潜水艦で出撃し帰還した横田寛一飛曹が加わることになった。同潜水艦は回天6基を搭載し、同年6月4日、午前9時に大津島基地を出撃。一路、マリアナ諸島東方面へと向かった。

花を手に、殉職した戦友の遺骨を胸に出撃する回天搭乗員（伊36潜）。
左から、横田・野村・柳谷各一飛曹、久家少尉、園田少尉、池淵中尉

伊36潜の艦上にて長官訓示を受ける潜水艦乗組員、回天搭乗員

新妻に別れを告げ突入した池淵中尉

同月17日、伊号第36潜水艦はマリアナ諸島東方の水域に到着。その3日後の20日午後5時20分、米軍の大型輸送船1隻を発見して急速潜航し、魚雷戦に備えた。それから1時間後の午後6時22分、浮上して後方より追跡を開始。翌21日午前3時15分に潜航し、この輸送船の前方に先回りして待ち受けた。それから25分後、そこに大型タンカーが新たに出現。このタンカーに目標を急《きゅう》遽《きょ》転換し、艦長は前甲板の回天2基に「発進用意」を発令した。ところが、久家少尉が乗った5号艇、野村一飛曹が乗った6号艇は相次いで機関が発動不能になり、攻撃を中止せざるを得なくなった。

出撃して以来、洋上での行動日数は2週間以上と長く、2基の回天が機関の発動不能に陥《おちい》ったこともあって、搭載している回天の点検を実施したところ、全艇が故障していた。そのため配備地点から一時退去し、故障の復旧に努めた。その結果、1、2、5号の各艇は修復できたが、そのほかの3基は使用不能のままであった。復旧を待つことなく、同月26日深夜、伊号第36潜水艦はブラウン島と硫黄島を結ぶ配備地点へ急いだ。

それから2日後の6月28日午前11時20分、単独航行中の大型輸送船を発見。距離6,500m、速力は12ノット。魚雷の射程距離としては遠すぎるが、回天にとっては絶好の目標。しかも、海上は穏やかで、視界も良好だった。正午、池淵中尉が乗った1号艇は、「成功を祈る」「後を頼みます」の言葉を最後に発進した。回天搭乗員の募集にあたっては独身であることが原則だったが、池淵中尉は、2人いた妻帯者のうちの1人（搭乗員に採用された後、結婚）で、もう1人は菊水

出撃後、連絡を絶った伊165潜

出撃前の短刀伝達式で
池淵信夫中尉（伊36潜）に
手渡された短刀「護国」

花を手に内火艇で潜水艦に向かう

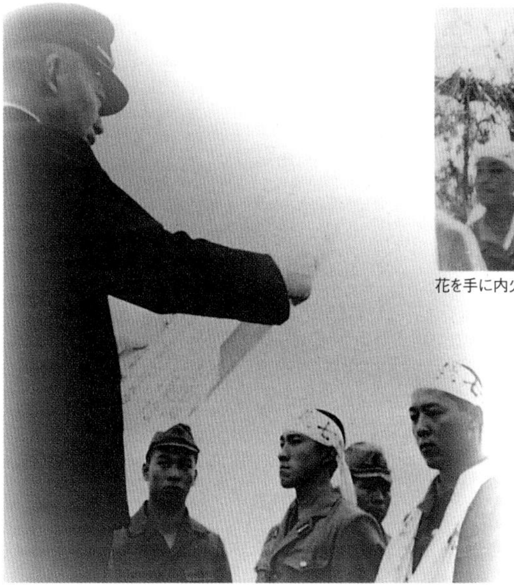

伊165潜の艦上で長官訓示を受ける回天搭乗員

壮途に就く伊165潜

伊号第165潜水艦 出撃

左から、
前列／北村一飛曹、大野艦長、醍醐長官、
水知少尉、長井司令官
後列／三谷大尉、田上参謀、
末広艦隊主計長、
是枝少佐、井上参謀、山崎少佐

隊の佐藤章少尉であった。池淵中尉はわずか1週間ほどの結婚生活を過ごした妻に宛て「今日の日を　かねて覚悟で嫁ぎ来し　君のこころぞ　国の礎《いしずえ》」という遺書を残している。艦長は池淵艇の成功を祈りながら、潜望鏡にかじりついて奮闘ぶりを目で追った。懸命に見守っていると、午後1時頃、聴音手が叫んだ。「推進機音、感四、近い！」艦長が急いで潜望鏡を後方に向けると、駆逐艦が視野を覆い尽くすように迫っていた。急いで深くまで潜り、辛うじて体当たりを免《まぬが》れたが、駆逐艦は頭上を通過しながら爆雷攻撃を開始した。久家少尉が回天の発進を進言したが、艦長は即座にはねつけた。しかし、その間にも頭上にいる駆逐艦からの攻撃はますます激化。久家少尉の2回目の進言に対し、艦長は「回天が艦と運命を共にしたら、搭乗員としての今までの努力が無駄になる」と判断し、断腸の思いで久家少尉の5号艇と柳谷一飛曹の2号艇に発進用意を命じた。ところが、両艇とも電話が不通のうえ、5号艇は電動縦舵機の故障のため使用不能に陥った。艦長はやむを得ず、2基の発進を中止し、2人に退艇を命じた。

艇の故障に2度も泣いた久家少尉が突入

執拗《しつよう》な爆雷攻撃に、潜水艦内の電灯が消え、乗組員は壁にぶつけられた。艦体はきしみながら漏水《ろうすい》し、沈んでいく。深度60m、70m…。水圧に耐えられるのは深さ100mまでである。絶体絶命のこのとき、久家少尉が「自分の回天発進を」とさらに艦長に迫った。2回も続けて艇の故障という事態に見舞われた久家少尉は、故障艇での突入を嘆願した。羅針儀が役に立たなくなった回天を出すことに艦長はためらったが、潜水艦が離脱できる見込みが乏しい状況では、回天が道連れになるとの思いを強く抱いた。「行ってくれるか」と、艦長は再び両名の乗艇を許可し、電話が不通だったことから、ハンマーで叩いて合図した。柳谷一飛曹が乗った2号艇は後甲板から、久家少尉の5号艇は前甲板から離脱し、その十数分後、大爆発音が轟《とどろ》いたと思うと、駆逐艦1隻の音源が消えた。もう1基の回天の音源は徐々に遠ざかり、駆逐艦の猛攻は終わった。

「轟隊」

伊号第361潜水艦 出撃

左から、
前列／金井一飛曹、岩崎一飛曹、小林中尉、佐々木先任参謀、松浦艦長、長井司令官、田辺一飛曹、斉藤一飛曹
後列／三谷大尉、是枝少佐、末広艦隊主計長、有近参謀、揚田司令、鳥巣参謀、板倉参謀

左から、金井一飛曹、田辺一飛曹、小林中尉、岩崎一飛曹、斉藤一飛曹。5人は伊361潜とともに還らなかった

鯉のぼりを高々と掲げ、壮途に就く伊361潜

翌月の7月2日、同潜水艦に帰投命令が下され、戦場を離脱。同月6日に大津島へ帰還し、同月9日午後3時に光基地に入港した。発進が叶わなかった搭乗員3人は退艦し、故障した回天を陸揚げして、翌10日の朝に港を出て呉に帰った。亡くなった久家少尉は、戻る搭乗員たちのことを心配し、「艇の故障で、また3人が帰ります。園田、横田、野村、皆初めてではないのです。2度目、3度目の帰還です。生きて帰ったからといって、冷たい目で見ないでください。どうか温かく迎えてください。お願いします。先に行く私には、この事だけがただひとつの心配事なのです」と基地隊に宛てた手記を残している。

消息を断った伊号第165・361潜水艦

伊号第165潜水艦は1945（昭和20）年6月15日、回天2基を搭載して光基地を出撃。マリアナ諸島の東方海域へ向かった。艦長は大野保四少佐、回天搭乗員は水知創一少尉と、回天訓練中に殉職した矢崎美仁上飛曹の遺骨を抱いて出撃した北村十二郎一飛曹の2人。水知少尉はスポーツ万能で、たくましい体格であった。母は「創一は泳ぎの達人だから、どこかの島に泳ぎ着いているはず」と息子の戦死を信じようとしなかったという。北村一飛曹は出撃前、「十二郎は子として親を思う点で人には負けぬと考えるが、しかし、それ以上に国を思っている」の言葉を、台湾にいる両親に伝えてほしいと叔母に頼んだという。伊号第165潜水艦は出撃後、連絡を絶ったまま消息不明となり、第六艦隊司令部は同年7月16日をもって、搭乗員は戦没、同潜水艦は同月29日に喪失と認定し、潜水艦乗員と回天整備員も同日の戦死として公表した。

松浦正治少佐を艦長とする伊号第361潜水艦は、小林富三雄中尉、金井行雄一飛曹、田辺晋一飛曹、岩崎静也一飛曹、そして回天搭乗員の中で最年少となる17歳の斉藤達雄一飛曹ら5人の回天搭乗員を乗せ、1945（昭和20）年5月23日に大津島基地を出撃する予定だった。しかし、その頃、米軍のB29爆撃機が大津島周辺海域に機雷を投下したとの懸念があったため、呉軍港を出港した同潜水艦は光基地に入港。回天の搭乗員および整備員は翌24日朝に移動し、光基地で壮行式を行い、同日、光基地から出撃した。しか

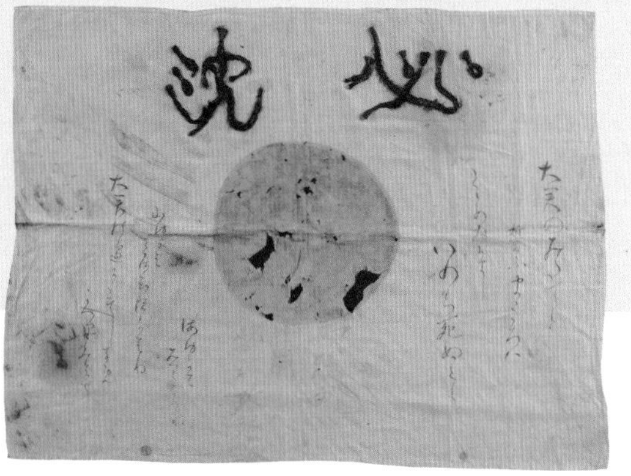

伊363潜の出撃に際し、呉海軍工廠で従事していた呉市立高等女学校の挺身隊より贈られた血染の日の丸。「必沈」は彼女たちの黒髪

花を手に笑顔で桟橋へ向う回天搭乗員たち（伊363潜）

伊363潜の艦上で長官訓示を受ける回天搭乗員

伊号第363潜水艦 出撃

左から、
前列／久保一飛曹、石橋一飛曹、上山中尉、
醍醐長官、木原艦長、和田少尉、
西沢（小林）一飛曹
後列／板倉参謀、不詳、足羽艦隊軍医長、
揚田司令、長井司令官、是枝少佐、
浜口大尉、三谷大尉

し、その後、伊号第361潜水艦は消息を絶った。米海軍の戦闘報告などから、交戦地点が予定地点の北緯22度22分、交戦日が同月31日ということが判明している。

搭乗員を思いやる木原艦長

木原栄少佐が艦長を務める伊号第363潜水艦は1945（昭和20）年5月28日午前9時、回天5基を搭載して光基地を出撃。回天搭乗員の上山春平中尉、和田稔少尉、石橋輝好一飛曹、小林重幸一飛曹、久保吉輝一飛曹の5人とともに、沖縄南東500カイリを目指した。攻撃目標は輸送船だったにもかかわらず、木原艦長は日頃から、冗談めかしに「貴様らを輸送船なんかと引き替えにする気持ちはないからな」と言っていたという。同年6月15日午後10時、同艦は浮上航行中、艦首方向の水平線上に灯火を発見し、急速潜航。木原艦長は敵の接近を確かめたうえで「回天戦用意」の号令を発した。白鉢巻を締めた搭乗員たちに、上山中尉が「自爆装置の安全装置を解除することを忘れるな」などと注意を与えたところで、「搭乗員乗艇、発進用意」の命令が下り、搭乗員は艦内から暗い交通筒を上って甲板上の各自の回天に乗り込んだ。午後10時50分、魚雷2本を発射し、その9分後に爆音が聞こえてきた。操縦席で発進命令を待っていた上山中尉に、木原艦長が「命中したらしい。火焔《かえん》が見えるから艦橋に見に来い」と電話で連絡。上山中尉は艦内に戻ると、司令塔に駆け上って潜望鏡を覗いた。暗い水平線上に小さな火焔がほんのり浮かび上がる光景は、上山中尉の目には絵のように美しく映っただけで、不思議に何の感慨もなかったという。その後、敵の攻撃も捜索もないまま、同地点を離れた。

同月18日、帰投命令を受けた木原艦長は、速力を上げて1日早く高知県の宿毛湾に仮泊すると、積んでいた缶詰と、新鮮な野菜や魚を地元の人に交換してもらい、宴会を開いた。「みんな、黙っておけよ」という艦長の計らいに、搭乗員たちは生きて帰還したことを実感したという。同月28日、同艦は平生基地に帰還し、5基の回天を陸揚げすると、翌29日に呉に入港した。

「多聞隊《たもんたい》」

“私たちは回天で突入することを本望としております”～関豊興少尉の発進要請の言葉から～

■搭載潜水艦／①出撃基地名②出撃年月日③出撃回天数（基）
■伊号第53潜水艦／①大津島②1945（昭和20）年7月14日③5基
■伊号第47潜水艦／①光②1945（昭和20）年7月19日③6基
■伊号第366潜水艦／①光②1945（昭和20）年8月1日③5基
■伊号第58潜水艦／①平生②1945（昭和20）年7月18日③6基
■伊号第367潜水艦／①大津島②1945（昭和20）年7月19日③5基
■伊号第363潜水艦／①光②1945（昭和20）年8月8日③5基

伊号第53潜水艦 出撃

左から、
前列／川尻一飛曹、荒川一飛曹、
関少尉、大場艦長、佐々木参謀長、
勝山中尉、
竹林（高橋）一飛曹、坂本一飛曹
後列／溝口特攻長、山崎参謀、
不詳、不詳、
末広艦隊主計長、不詳、高嶋整備長

駆逐艦「アンダーヒル」を撃沈した勝山中尉

敗戦が色濃くなった1945（昭和20）年7月中旬、回天特別攻撃隊多聞隊が潜水艦6隻により編成された。先陣を切って出撃したのは大場佐一少佐が艦長を務める伊号第53潜水艦。回天搭乗員は勝山淳中尉、関豊興少尉、荒川正弘一飛曹、川尻勉一飛曹、坂本雅刀一飛曹、高橋博一飛曹の6人。同月14日午後、6基の回天を搭載して大津島基地を出撃し、沖縄とフィリピンの中間海域を目指した。

同月20日頃、バシー海峡東方海域に到着した。同月24日午後2時過ぎ、米軍の輸送船団を発見すると、すぐさま総員配置に就き、「魚雷戦用意、回天戦用意」の号令が下った。このとき遭遇した輸送船団は駆逐艦、輸送艦など計17隻。ところが、戦闘態勢が整ったときには方位角が120度と、魚雷や回天での攻撃には無理な態勢にあった。艦長は攻撃を断念しようとしたが、回天搭乗員たちが発進を強く要請したことから、勝山中尉の発進を決めた。

午後2時25分頃、勝山中尉が乗った1号艇が発進。この態勢での回天戦は成功の見込みが薄いと判断した艦長は、後続の回天発進を中止した。それから約40分後、目標方向で爆発音が響いた。午後3時15分頃、1,000フィートの高さまで黒煙を上げながら炎上する駆逐艦「アンダーヒル」を潜望鏡で確認した。生き残った「アンダーヒル」の乗員は後に、いろいろな方向に何度も潜望鏡を見たと証言した。周囲にいた駆潜艇の乗員もまた、複数の潜航艇を同時に見たと報告している。ところが、実際に攻撃していたのは、勝山中尉が乗った回天1基だけ。誰が乗った回天が戦果を挙げたのかを確定できる、唯一の戦闘であった。「アンダーヒル」は真っ二つに割れて沈没したという。

発進の先陣を切った勝山中尉は、伊号第53潜水艦の搭乗員隊長として、下士官搭乗員にも細やかな心配りを忘れなかった。出撃を間近に控え、互いの家庭のことを話し合ったときのこと。高橋一飛曹には母からの手紙がなかったのを知り、「高橋、俺のお袋の手紙だ。遠慮なく読め」と、勝山中尉が差し出した。2人の子どもを戦争に捧げた母親の深い愛情と優しさがにじみ出た文面を、高橋一飛曹は涙ながらに読んだという。

大津島基地を出撃する伊53潜と、見送る基地員

爆雷攻撃の中――「回天を出してください！」

「アンダーヒル」を撃沈した後、伊号第53潜水艦は引き続きバシー海峡東方海域で敵を待った。同月27日午後1時頃、同潜水艦は南下中の数十隻もの大輸送船団のど真ん中にいることを確認。いったん、船団の後方に離脱できたが、攻撃態勢が整ったときには船団は遠くに離れ過ぎ、魚雷攻撃は無理な状況だった。回天搭乗員の強い要請を受け、艦長は川尻一飛曹の2号艇だけを発進させた。その約1時間後に大音響が轟《とどろ》き、潜望鏡で目標方向に黒煙を認めた。その後、8月4日午前零時30分頃、元の配備水域に戻った同艦の頭上を米軍の駆逐艦が通過。たくさんの爆雷が海面に落下し、至近距離で爆発した。潜水艦は爆発のたびに激しく震動し、その影響で艦内でも器具が床に散らばり、手のつけようのないほどの状況。そこに、搭乗員の関少尉が司令塔に上がって来て、「回天を出してください。相手が駆逐艦でも不足はありません」と発進を催促。これに対し、艦長は「暗夜の回天攻撃は無理」と退けた。その間にも休みなく爆雷攻撃は続き、主蓄電池が破損すると一切の動力が停止し、電灯も消えた。必死の復旧作業により、なんとか動力は回復した。その間に関少尉が再び来て、「私たちは回天で突入することを本望としております。

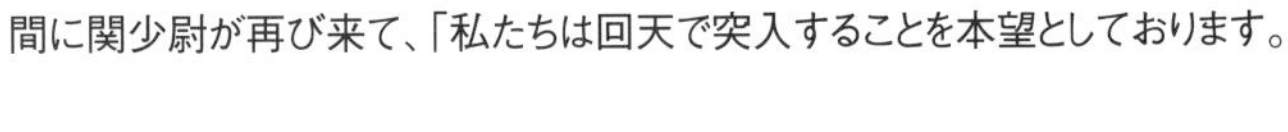

伊号第53潜水艦から突入、轟音を響かせた川尻勉一飛曹の鉢巻

伊53潜で出撃した回天搭乗員。
左下／勝山中尉
左上／竹林（高橋）一飛曹、
荒川一飛曹、川尻一飛曹

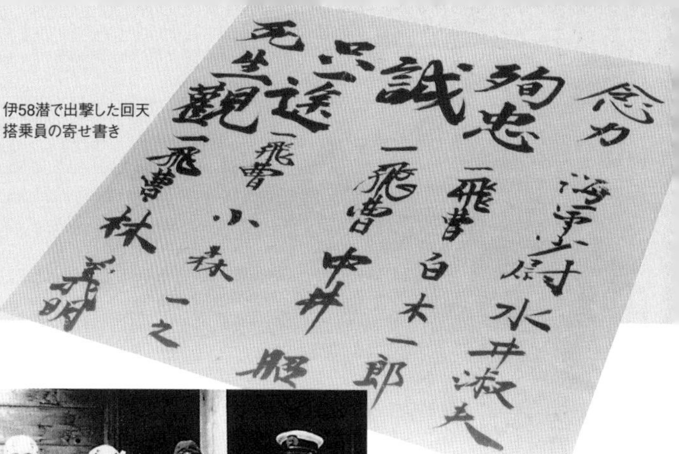

伊58潜で出撃した回天搭乗員の寄せ書き

伊号第58潜水艦 出撃

左から、
前列／揚田司令、水井少尉、橋本艦長、
澤村司令、伴中尉、鳥巣参謀
後列／沢谷整備長、
小森・林・白木・中井各一飛曹
橋口特攻長、渡辺分隊長

夜間でも、必ず成功させます。回天の搭乗員が大勢、出番を待っております。潜水艦は何としても生き残って、回天作戦を繰り返してください」と艦長に詰め寄った。艦長は母潜がいつまで耐えられるか疑問に思い、全艇の「回天戦用意」を命令した。搭乗員は暗い艦内を懐中電灯の明かりを頼りに、交通筒を通って回天に乗艇した。訓練では経験しなかった深度40mからの発進である。

午前2時30分頃、関少尉が乗った5号艇が発進。それから20分ほど経ち、大音響が轟いた。探知すると、周囲の対潜艦艇が1隻減っていた。続いて、荒川一飛曹の3号艇が発進。同3時32分頃に大爆発音が轟き、敵の推進機音は2隻に減り、しばらくして推進機音は聞こえなくなった。高橋一飛曹が乗った4号艇と坂本一飛曹が乗った6号艇は、それぞれ至近距離での爆雷の衝撃により機器が故障。意識を失った2人は艦内に収容され、手当てを受けた。辛うじて危機を脱した伊号第53潜水艦は8月7日頃、帰投命令を受信すると、同月12日に大津島基地に到着し、翌13日に呉に帰還した。

原子爆弾を運んだ「インディアナポリス」を撃沈

7月17日朝、平生基地では基地開設以来初めての出撃となる6人を、厳《げん》粛《しゅく》な壮行式で送り出した。伊号第58潜水艦の出撃は金剛隊、神武隊、多々良隊に続き4回目である。艦長には橋本以行少佐、回天搭乗員には伴修二中尉、水井淑夫少尉、林義明一飛曹、小森一之一飛曹、中井昭一飛曹、白木一郎一飛曹の6人が選ばれた。出撃の途中、豊後水道入り口での試験潜航の際に回天1基の特眼鏡に水滴が発生。その交換のために引き返し、翌18日に改めて出撃した。

同潜水艦の任務はフィリピン東方海域での艦船攻撃。同月28日午後2時頃、駆逐艦を従えた大型輸送船に遭遇した。艦長は、目標が遠くて魚雷攻撃が難しいと判断し、回天による攻撃を決意、2基への乗艇を命じた。同31分、2号艇に乗った小森一飛曹が「ありがとうございました」の言葉を残して発進。次いで、1号艇の伴中尉が「天皇陛下、万歳!」と声高に唱えながら、潜水艦を離れた。その50分後、続いて2回の爆発音が聞こえたため同艦は浮上したが、雨が激しく、何も見えなかった。

短刀を受ける水井少尉（伊58潜）

その後、レイテ――グアム、パラオ――沖縄の両航路が交差する地点に移動。7月29日午後11時に浮上したとき、水平線上に艦影を発見し、すぐさま潜航して観測を続行した。その艦影は同潜水艦に真っ直ぐに向かってきたが、やがて方向をやや右よりに変え、魚雷攻撃にうってつけの態勢になってきた。同潜水艦はここぞとばかり、魚雷6本を2秒間隔で発射。それから少し間を置いて、爆発音が3回轟いた。回天に乗艇したまま待機していた白木・中井一飛曹は魚雷命中を聞き、「敵が沈まないなら、出してくれ」と発進を催促したが、艦長は撃沈を確信して回天の使用を中止した。このとき撃沈された艦船は重巡洋艦「インディアナポリス」であったことが、戦後、明らかになった。同艦は広島と長崎に投下されることになる2発の原子爆弾の部品をサンフランシスコで積載し、マリアナ諸島に急行。任務を終え、グアムからレイテ湾に向かう途中であった。

同年8月9日午前8時、伊号第58潜水艦はフィリピンの北東端・アパリ岬の北東260カイリの海域で輸送船10隻、駆逐艦3隻を発見した。艦長は6号艇の白木一飛曹に発進を命じたが冷走し、発進を中止。林一飛曹の3号艇は故障したので、5号艇の中井一飛曹が発進した。さらに、新たな駆逐艦と船団が近づいてきたことから、水井少尉が乗った4号艇も発進していった。爆発音を聞き、潜望鏡を上げると駆逐艦1隻が姿を消していた。林一飛曹は遺書の中に、このときの故障の原因探求と機器の改善要求を平生基地の分隊長、渡辺定大尉宛てに書き残している。

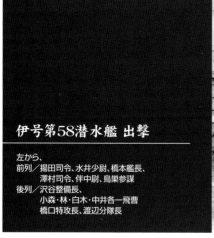

「多聞隊」

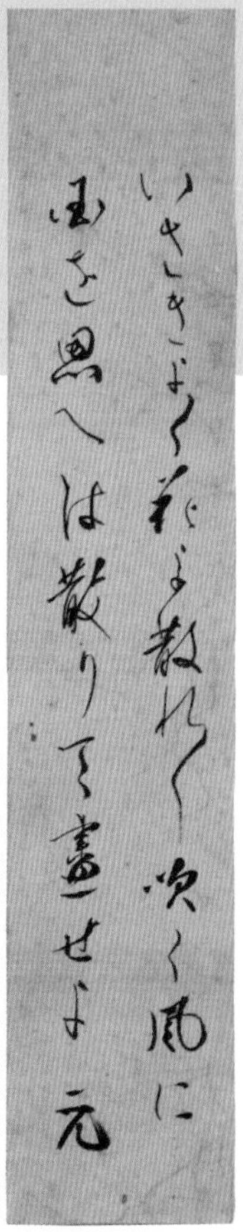

伊366潜から突入、戦死した佐野元一飛曹が残した短冊

伊号第366潜水艦出撃

左から、
前列／佐野一飛曹、上西一飛曹、成瀬中尉、鈴木少尉、岩井一飛曹
後列／小池兵曹、佐藤兵曹、細川水長、安達水長、更谷水長

8月12日、同艦は速力12ノットで北へ海上航走中にレーダー波を探知。続いて、水平線上にマストを発見し、潜航した。同日午後3時16分、大型艦を発見した艦長は、唯一使用可能な3号艇の林一飛曹に発進用意を命じた。同5時58分、目標までの距離約8,000mの地点で3号艇が発進。第六艦隊から戦果の確認を強く要請されていた伊号第58潜水艦では、昼間用と夜間用の2本の潜望鏡を海面に上げ、橋本艦長と田中航海長が並んで突入の様子を見守った。同6時42分、遠くに見える敵艦が巨大な火柱に包まれるのを確認し、艦長は「大型艦1隻轟沈」と判定、第六艦隊にその旨を打電、報告した。

同潜水艦は北上中の8月15日、終戦を告げる機密電報を受信。しかし、艦長は乗員には知らせないまま、同月17日に平生基地へ帰還。搭乗員の白木一飛曹、整備員たちを降ろし、翌18日に呉に回航した。

伊58潜から発進した林義明一飛曹

林一飛曹の下士官帽子

「行くか」「はい、行きます!」

伊号第366潜水艦は1945(昭和20)年8月1日、5基の回天を搭載して光基地を出撃。成瀬謙治中尉、鈴木大三郎少尉、上西徳英一飛曹、佐野元一飛曹、岩井忠重一飛曹の5人の搭乗員を乗せて、沖縄東南方面へ向かった。同月11日、同潜水艦はパラオ島北方500カイリ、沖縄とウルシーを結ぶ洋上で米軍の大輸送船団と遭遇。非常ベルが鳴り響く中、「総員戦闘配置につけ!」の号令が下り、潜航を開始した。

時岡隆美艦長の「行くか」の言葉に、真新しい飛行服に白いマフラー姿の成瀬中尉は「はい、行きます!大変お世話になりました。伊号第366潜水艦のご武運をお祈りいたします」と答えた。その後、司令塔から出た成瀬中尉は艦の後部まで出向き、乗員1人1人に敬礼。池田勝武兵曹の前に立ち止まると、「ありがとう、頑張れよ」と礼を言った。訓練中、成瀬中尉が乗った回天が故障し、沈没寸前のところを助けてもらったことへの感謝の気持ちを表したのである。この律儀な成瀬中尉に対し、直立不動の池田兵曹は涙したという。

搭乗員は交通筒を通って回天に乗艇。艦長の「発進!」の命令で、成瀬艇はドスンという固縛バンドが外れる音を残して同潜水艦を離脱。池田兵曹は「送り出してしまった」と、頭が真っ白になり、足が震えたという。その後、上西艇と繋がれた電話連絡員は、電話の向こうから微かなすすり泣きを聞いた。しかしその直後、発進の命令を受けた上西一飛曹は「万歳!」と叫びながら潜水艦を後にした。後を追うように、佐野艇が発進。3度の爆発音を聞いた艦長は「命中、3隻轟沈」と叫び、全員で黙《もく》祷《とう》した。終戦までわずか4日前のことだった。その後、伊号第366潜水艦は敵艦とは出会えず、洋上で敗戦を迎えた。残りの回天2基は故障のため発進不能となり、同潜水艦とともに帰還。搭乗員の一人はげっそりとやつれ、「恥ずかしくて、帰れない」と艦を下りるのを嫌がったという。

「私は帰れません!」――帰投命令を拒んだ藤田中尉

今西三郎大尉が艦長を務める伊号367潜水艦は、振武隊に続く2回目の出撃となった。1945(昭和20)年7月19日、回天5基を搭載し、振武隊のときの藤田克己中尉、岡田純一飛曹、吉留文夫一飛曹に、安西信夫少尉と井

出撃前の回天搭乗員(伊367潜)。左から、岡田一飛曹、安西少尉、藤田中尉、吉留一飛曹、井上一飛曹

回天の上で見送りに応える回天搭乗員たち(伊367潜)

上恒樹一飛曹を加えた5人の搭乗員を乗せ、大津島基地を出撃した。作戦海域は沖縄南東方約400カイリ。沖縄とグアム間の米軍輸送路への攻撃が任務であった。同月27日頃には3万mほど先に集団音を聴音。8月7日頃の夜間には潜航中に、駆逐艦らしき2隻が頭上を通過。暗い闇夜の中で、魚雷攻撃も回天攻撃も困難であった。同月9日、突然、第六艦隊司令部から帰投命令が下った。今西艦長は先任搭乗員の藤田中尉に「どうする?」と声をかけた。藤田中尉は「私は帰れません!」ときっぱりと答えた。艦長は搭乗員たちの心情を思い、「それでは、とりあえずもう1日続けよう」と、翌日まで敵の探索を行った。しかし、その日も重ねて帰投命令を入電し、伊号第367潜水艦は回天5基を搭載して帰途に着いた。

豊後水道を過ぎ、8月15日正午、玉音《ぎょくおん》放送を聴いたが、雑音がひどく、ほとんど聞き取れなかった。その1時間後に玉音放送の内容を伝える機密電報が入ったが、艦長は乗員の動揺を考慮して、そのまま航行を続行し、大津島基地に到着後、甲板に集まった乗員全員に戦争終結を伝えた。

台風で流出した回天、失意の帰還

1945(昭和20)年7月19日午後、伊号第47潜水艦は光基地を出撃し、沖縄東方海域へ向かった。艦長を務めるのは鈴木正吉少佐。回天搭乗員は、加藤正中尉、桐沢鬼子衛少尉、石渡昭三一飛曹、河村哲一飛曹、新海菊雄一飛曹、久本晋作一飛曹の6人で編成された。

同月23日、沖縄とパラオ島を結ぶ洋上、沖縄本島から300カイリの水域に到着し、哨戒を開始。前回の出撃となった天武隊のときと同じ哨区であったが、そのときとは様子が違い、艦船との遭遇はなく、飛行機の飛来もなかった。同月29日、第六艦隊司令部からの指示により、フィリピン島北東方面へ移動したが、翌30日、浮上しながら西方へ航走中に台風の暴風圏に突入してしまった。この荒波のために航走充電ができなくなり、潜航。翌31日も荒天で浮上できず、放電量が限界に近づいてきた。8月1日夜になって、やっと風が弱まり、終夜充電を行ったが、この荒天の影響で回天1基が流失し、そのほかの回天も多くが浸水した。

流失した回天は加藤中尉が乗る1号艇であった。艦の後甲板の最後端に頭部が突き出た状態で搭載されていたため、荒波の衝撃を強く受けたと考えられる。光基地では勇猛で鳴らした加藤中尉だが、自分の回天流失には大きなショックを抱いた。しかし、さすがに部下の搭乗員に向かって「俺と代われ」とは言えず、回天発進の際には誰かの艇に入り込んで共に突入しようとひそかに決意していたという。

伊47潜の壮行式。左から、前列/加藤中尉、桐沢少尉、新海・河村・石渡・久本各一飛曹

同月4日、第六艦隊からの指示で再び哨区を変更したが、翌々6日に帰投命令を入電。同月13日正午、伊号第47潜水艦は光基地に戻り、回天5基と搭乗員6人を降ろし、翌14日に呉に帰還した。

ソ連参戦で、日本海方面へ

回天特別攻撃隊多聞隊の潜水艦6隻のうちの最後の1隻、伊号第363潜水艦の艦長は轟隊に続いての任務となった木原栄少佐。回天搭乗員も同じ顔ぶれの上山春平中尉、石橋輝好一飛曹、小林重幸一飛曹、久保吉輝一飛曹に、航行訓練中に殉職した和田稔中尉に代わって、神武隊、多々良隊、轟隊と3度も出撃し帰還していた園田一郎少尉を加えた5人が乗艦。1945(昭和20)年8月8日、光基地を出撃し、沖縄東方海域を目指した。

翌9日のソ連の参戦を受け、鹿児島沖を南進中の伊号第363潜水艦は同月12日、日本海に配備が変更され、浮上して急ぎ向かった。翌13日の深夜、米軍潜水艦らしき艦船が近づいてきたことから、急潜航して回避。さらに翌14日の正午過ぎ、五島列島の東方海上を浮上して北進中、突然、島陰から米軍の戦闘機に襲われ、すぐさま潜航したが、戦闘機の機銃掃射を受けて艦体が損傷。2人が戦死、2人が負傷した。さらに浸水により調整能力を失い、深さ90mの海底に沈んでしまった。艦内は息苦しく、まるで蒸し風呂のようであった。その約3時間後、メーンタンクの排水が功を奏し、やっとの思いで浮上しハッチを開いた。その後、回天発進の機会を得ないまま、損傷の修理のために、佐世保海軍工廠に入港した。

翌8月15日、回天搭乗員および潜水艦乗員は同工廠で終戦の玉音放送を耳にした。それから5日後の同月20日、伊号第363潜水艦は光基地へ帰投し、搭乗員と整備員、回天を艦から降ろし、翌21日に呉に帰還した。

伊363潜で出撃した回天搭乗員たち
左から、前列/久保一飛曹、園田少尉、木原艦長、醍醐長官、上山中尉、石橋一飛曹、西沢(小林)一飛曹
後列/足羽艦隊軍医長、浜口整備長、中村司令、揚田司令、長井司令官、有近参謀、不詳、鳥巣参謀

多聞隊最後の出撃となった伊363潜

「神州隊《しんしゅうたい》」

“早まったことはするな”

～帰還した斉藤少尉に根本大尉がかけた言葉から～

■搭載潜水艦／①出撃基地名②出撃年月日③出撃回天数（基）
■伊号第159潜水艦／①平生②1945（昭和20）年8月16日③2基

伊号第159潜水艦
搭乗員と8期搭乗員

左から、
前列／藤田・斉藤両少尉、
今田一飛曹、足立少尉
後列／仁田山・大橋・中塚各少尉

終戦を知らぬままの出撃

1945（昭和20）年8月初め、回天特別攻撃隊神州隊が編成された。同月6日の広島への原子爆弾投下、同月9日のソ連の参戦を受けて、伊号第159潜水艦はウラジオストックのソ連艦船を攻撃することになった。同月11日、同潜水艦は呉海軍工廠で整備中に米戦闘機P-51の急襲を受け、そのときに片舷主機械などを損傷。それまでに同工廠はたびたび被爆していたことから修理が間に合わず、やむを得ず平生基地にそのまま回航し、舞鶴海軍工廠で修理を施してからウラジオストック方面へ向かうことになった。同月15日正午、平生基地では総員が玉音放送を聞いたが、その音声は雑音が多く聞き取りにくかったので、終戦とは受け取らず、予定どおりに出撃することになった。

同月16日昼、館山武裕大尉が艦長を務める伊号第159潜水艦には搭乗員の斉藤正少尉と今田新三一飛曹の2人が乗艦。回天2基を搭載し、平生基地から豊後水道を経て、日本海へと向かった。当時、下関海峡にはB29が磁気機雷を多数投下していて、通航が危険であったことから、九州の南を回って日本海へ向かうコースを採用した。途中で米艦船と遭遇した場合は、これを攻撃するよう指示を受けていた。豊後水道を潜航南下して17日、潜望鏡で大隅《おおすみ》半島を遠く望める地点まで到達したが米艦船はすでに撤退していて、その姿はなかった。ここで平生基地から無電で呼び戻され、反転していったん宮崎県の油津《あぶらつ》に入港・浮上し、甲板で機密書類を焼却した。搭乗員の斉藤少尉の目には、その赤く燃える火が夕暮れの中で鮮やかに映ったという。翌18日、油津を出港し、水上航行により豊後水道を北上して、午後には平生基地に帰還した。

橋口大尉が打電した帰投命令

伊号第159潜水艦へ帰投命令の打電を手配したのは、平生基地の特攻隊長で、神州隊伊号第36潜水艦で出撃する予定だった橋口寛大尉であった。その橋口大尉は、終戦を迎えた後の8月18日の未明に、出撃予定であった回天の中で自決した。平生基地に帰った斉藤少尉に、後追い自決を危惧《きぐ》した同基地の先任搭乗員の根本克大尉が「早まったことはするな」と声をかけたという。一方、大津島基地では伊号第155、156両潜水艦が交通筒を整備し、回天の発進訓練を重ねており、8月25日頃に神州隊として出撃する予定だった。

「白竜隊《はくりゅうたい》」

先陣を任された第一回天隊、通称「白竜隊」

白竜隊 出撃

左から、
前列／赤近二飛曹、猪熊二飛曹、新野二曹、河合中尉、長井司令官、堀田少尉、田中二曹、伊東二飛曹、
後列／是枝少佐、不詳、河田機曹長、島田医少尉、吉田少尉（予3整備士）、樽井掌整備長、有近参謀、板倉参謀

本土決戦に備えた重点配備基地

数少ない潜水艦が、くり返し回天を搭載して洋上作戦に出撃する傍《かたわ》ら、米軍上陸部隊の本土攻撃を迎え撃つために「基地回天隊」が編成された。あらかじめ、米軍の上陸が予想される関東地区から四国南岸、九州南東岸の海岸に12基地、96基の回天を配備した。その作戦は、格納壕に回天を隠して待機し、侵攻してきた米軍艦船に突入するというものである。

最初となる「第一回天隊」が編成されたのは1944（昭和19）年12月頃で、隊長には河合不死男中尉が任命され、仲間内ではこの隊を「白竜隊」と呼んだ。回天を陸上から発進させる訓練は、徳山湾内の大津島と黒髪島の間に浮かぶ無人島「樺島《かばしま》」で実施。狭くて急な砂浜があり、回天の発進訓練に最適だった。

歓呼の声に見送られ、いざ出撃

翌年3月1日、第一特別基地隊が機構改革により「第二特攻戦隊」に変更され、規模も拡大。本部も倉橋島の大浦崎から光に移転し、光基地は「光突撃隊」と名称が変わった。同月13日、光突撃隊では第一回天隊の壮行式が行われた。潜水艦で出撃するときと同様の様式である。出撃命令を下したのは、第六艦隊司令長官ではなく、第二特攻戦隊司令官の長井少将だった。壮行式の後、出撃記念写真などの撮影を終えた隊員たちは、光基地の沖合で待つ第18号一等輸送艦に乗艦。河合不死男中尉、堀田耕之祐少尉、田中金之助二曹、新野守夫二曹、猪熊房蔵二飛曹、赤近忠三二飛曹、伊東祐之二飛曹の7人の回天搭乗員、整備員、基地員、計127人と輸送艦の乗員225人を乗せ、同艦は、午後1時、光突撃隊全員に見送られながら、沖縄を目指して出撃した。

「敵潜水艦の攻撃を受けたるものと…」

3月18日午前8時に那覇に入港する予定で、敷設艇の「怒和島《ぬわじま》」と「済州《さいしゅう》」が護衛に就いた。同月17日、2隻の敷設艇は護衛の任務を終え、第18号輸送艦から離れ、石垣島周辺に機雷を敷設する作業に着手。ところが、翌18日になっても、第18号輸送艦は那覇に姿を現さなかった。佐世保鎮守府《ちんじゅふ》は同月25日、電報で「怒和島、済州護衛、沖縄に向かいたるところ、3月17日24時、護衛艦と分離後、消息不明。分離後沖縄付近、または海上護衛隊の警報により退避中、敵潜水艦の攻撃を受けたるものと推定せらる」と連絡。それ以降、「行方不明」とされた。

第18号輸送艦の乗員225人は全員判明したが、「第一回天隊」において、戦死した127人のうち、隊員の氏名が判明しているのは、士官および搭乗員のほかは整備員、基地員のごく一部、計14人のみとなっている。

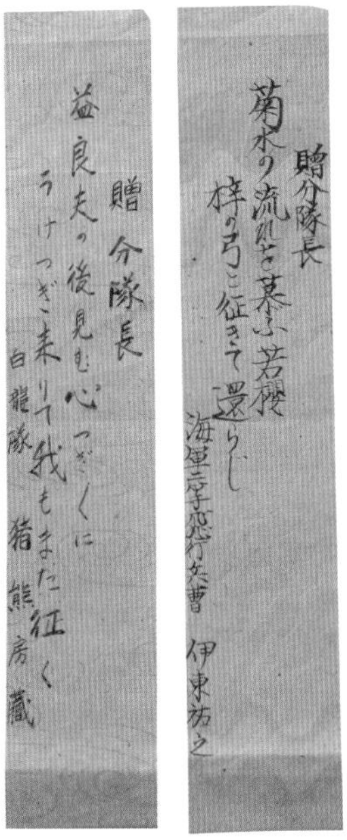

第18号輸送艦とともに消息を絶った伊東祐之二飛曹（右）、猪熊房蔵二飛曹（左）から分隊長に贈られた短冊

河合中尉を送る海軍兵学校72期の同期生。
左から、小灘中尉、橋口中尉、河合中尉、渡辺（三宅）中尉、福島中尉

白竜隊を乗せた第18号輸送艦と同型艦

終戦後も米軍を恐れさせた、見えない脅威「回天」

**いつ攻撃してくるか分からない、
近くにいるのかいないのかさえ分からない、
「海中の見えない脅威、回天」**

終戦後、マッカーサー司令部のサザーランド参謀長は、日本の軍使に「回天を積んだ潜水艦は大平洋にあと何隻残っているか」とまっ先に尋ねた。「10隻ほどいる」と聞き、「それは大変だ。一刻も早く戦闘を停止してもらわねば」と顔色を変えたという。また、米海軍の士官が「日本軍で怖いのは回天だけだった」と語ったほど、いつ攻撃してくるか分からない、近くにいるのかいないのかさえ分からない、「海中の見えない脅威、回天」が恐れられていたことは間違いない。

しかし、回天による戦果は、いまだに完全に把握できていない。その一番の理由が、米国海軍から正確な発表がなされていないことである。船団が被害を受けても、その原因が不明で、回天の攻撃によるものとは確認できないまま、潜水艦によるもの、機雷によるもの、事故によるものなどとして処理されているケースがある。したがって、戦後に米軍が発表した数字は、実数よりも少ないと考えられる。一方、日本の連合艦隊が発表した数字が実数と異なる可能性も否定できない。哨戒の厳しい海域では、潜水艦は回天の戦果を確認できず、爆発音を後方に聞きながら、その場から退避しなければならなかった。また、発進した回天が目標艦に突入することができず、自爆したときの爆発音を命中音と判断し、戦果として発表していることも考えられる。

1944（昭和19）年11月20日、菊水隊の攻撃により
爆発炎上する油送艦「ミシシネワ」

回天戦による、確認された戦果（2000年2月1日現在、全国回天会調べ）

菊水隊	●伊号第47潜水艦／1944.11.20／ウルシー泊地／回天4基発進 ●伊号第36潜水艦／1944.11.20／ウルシー泊地／回天1基発進	**艦隊随伴油送艦「ミシシネワ」撃沈**
金剛隊	●伊号第36潜水艦／1945.1.12／ウルシー泊地／回天4基発進	**弾薬輸送船「マザマ」損傷、歩兵揚陸艇撃沈**
	●伊号第47潜水艦／1945.1.12／ホーランディア／回天4基発進	**輸送船「ポンタス・ロス」損傷**
多聞隊	●伊号第53潜水艦／1945.7.24／北緯19度20分、東経126度42分／回天1基発進	**駆逐艦「アンダーヒル」撃沈**
	●伊号第53潜水艦／1945.8.4／北緯20度17分、東経128度7分／回天2基発進	**駆逐艦「アール・ブイ・ジョンソン」撃破**
	●伊号第58潜水艦／1945.8.12／北緯21度15分、東経131度2分／回天1基発進	**駆逐艦「トーマス・ニッケル」損傷**

（注）回天での攻撃によって沈没あるいは損傷した駆逐艦や輸送船などが多数あったものと思われるが、詳細については調査・確認中

1945

広島、長崎への原子爆弾投下により終戦へ

米軍による本土への攻撃がますます激化するなか、1945（昭和20）年8月6日、広島に原子爆弾が投下された。続く9日には長崎にも投下。この恐るべき新型爆弾の威力を目《ま》の当たりにした日本は、8月15日、ついに敗戦を宣言するに至った。しかし、終戦を告げる玉音《ぎょくおん》放送が雑音で聴き取りにくかった平生基地では、神州隊の潜水艦4艦のうち1艦が回天2基を搭載し、翌16日に出撃。その2日後に平生基地へ帰還した。

八丈島に配備された基地回天隊にも玉音放送は流れたが、雑音がひどくて所々しか聴きとれず、「非常の手段と決意をもって、戦局を打開せよ」との意味にも感じられた。司令部では「どうやら戦争は終結したようだが、詳しい事情は分からない。かえって、米軍の攻撃が早まるかもしれない。現れたら撃滅する」と指示。これを受けて、隊は出撃態勢を整えていた。それから2カ月半ほど経った10月末頃、米軍艦隊が武装解除のために八丈島に到着し、回天も爆破処分された。

思いもよらぬ終戦という結果に、死ぬつもりで特攻を志願し、必死で訓練を重ねていた搭乗員たちは呆然《ぼうぜん》とし、放心状態に陥った。「死ぬ必要」はなくなったのである。

後《おく》れても後れても亦《また》卿《きみ》達《たち》に誓ひしことばわれ忘れめや

君が代の唯君が代のさきくませと祈り嘆きて生きにしものを

噫又さきがけし期友に 申し訳なし。

神州ついに護持し得ず。

後れても後れても亦卿達に誓ひしことば　われ忘れめや

石川、川久保、吉本、久住、小灘、河合、柿崎、中嶋、福島、土井

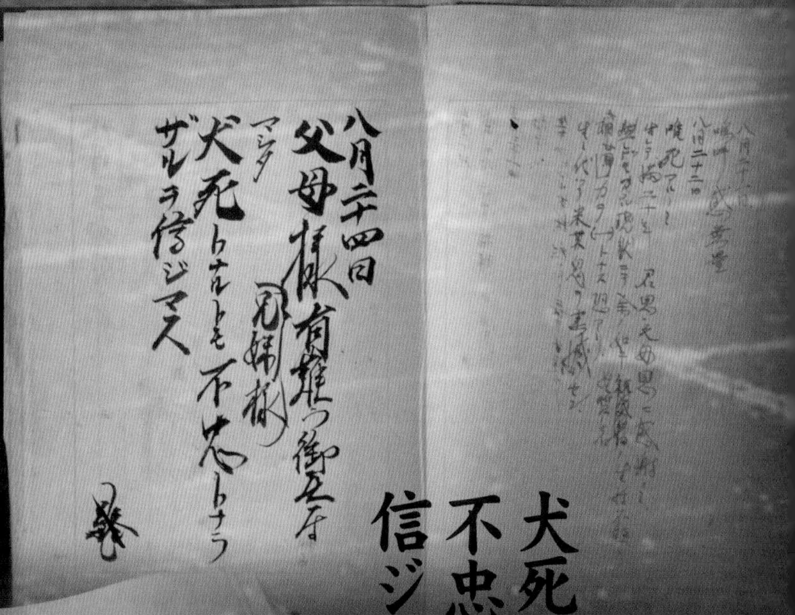

松尾少尉の自啓録

犬死トナルトモ不忠トナラザルヲ信ジマス

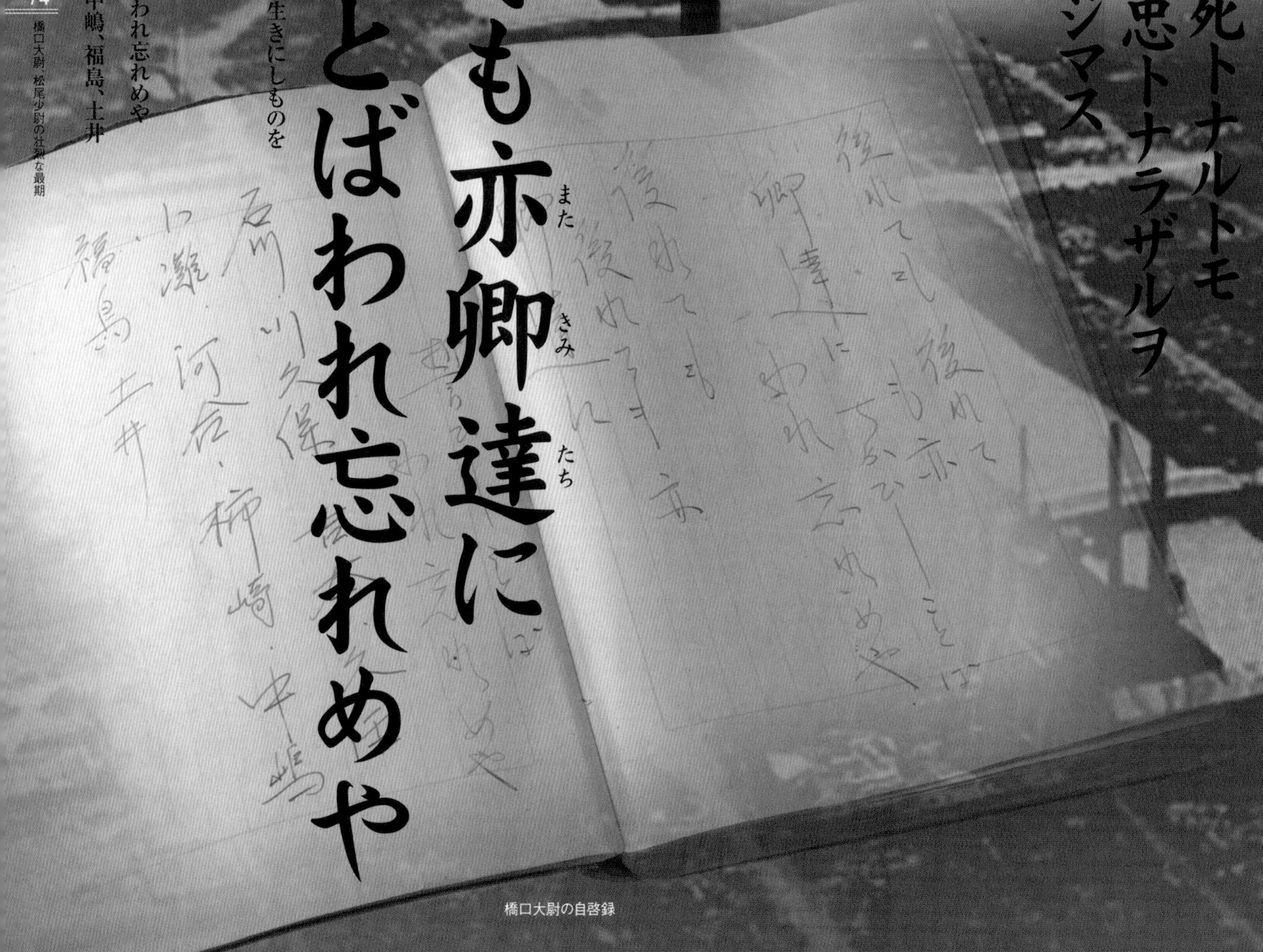

橋口大尉の自啓録

空襲で焼け野原となった東京

橋口大尉、松尾少尉の壮烈な最期

橋口 寛大尉

松尾 秀輔少尉

橋口大尉は、大津島基地、光基地、平生基地を転任し、何度も出撃を望んだが許されず、回天の操縦技術が抜群だったことから、基地での教育訓練を担当する教官として残された。いつも細やかな心配りを忘れず、温和で優しい人柄に、訓練中の搭乗員たちはみな敬意を払っていた。そんな彼に指導を受けた回天搭乗員は次々に出撃していき、橋口大尉は無念やるかたない気持ちで、出撃の日を待っていた。

幾度も血書をしたためて出撃を嘆願した橋口大尉は、ようやく1945（昭和20）年8月20日頃を期し、特攻隊長として出撃することになったが、喜びもつかの間、その直前に日本は終戦を迎えた。知らせを受けた神州隊の搭乗員たちは平生基地の草むらに集まり、今後どうするかを話し合った。このとき、橋口大尉には自決する気配は感じられなかったという。

しかし、橋口大尉は、多くの回天隊員に死におくれ、国を護《まも》るという大任を果たし得ずに敗戦した責任を感じずにはいられなかった。同月18日午前3時、その夜、仲間たちと酒を飲んでいた橋口大尉は、酒の匂いが消えるのを待ち、平生の回天特攻基地において、自身が乗る予定だった回天の中で真っ白な第二種軍装に身を正し、拳銃で自決し果てた。彼は「自啓録」に、「さきがけし期友に申し訳なし」と記し、幕末の志士、高杉晋作の句「後れても後れても又君たちに、誓ひしことをわれ忘れめや」という句を引用した遺詠とともに、多くの友の名を残している。ただひたすら祖国を守り抜こうと、自ら必死必殺の人間魚雷に身を投じた橋口大尉には、もはや生への選択はあり得なかったのだろう。

終戦から9日経った1945（昭和20）年8月24日深夜、松尾秀輔少尉は、手榴弾を使用し、大神突撃隊練兵場の国旗掲揚台の下で壮烈な自決を遂げた。彼は、8月14日に空襲を受け多大な被害を出した光工廠へ後片付けに来ていた際、米軍の本土上陸に備えて作られた手榴弾を大神基地へと持ち帰っていた。亡くなる数日前、「自決するときは手榴弾がいいな」とつぶやいていたという。当時、下士官の間では、日本に上陸してくる進駐軍の出方によっては、生命をかけても報復すべきという意見など、祖国の敗戦を憂い、さまざまな論議が行われていたことから、自決の方法を口にするのも不自然なことではなかった。したがって、松尾少尉のそうした発言についても、まさか実行に移すとは誰も考えていなかったのである。下士官搭乗員に対して、格別強い信頼と愛情を寄せていた松尾少尉の自決は、搭乗員復員除隊の前夜であっただけに、全隊員に大きな衝撃を与えた。

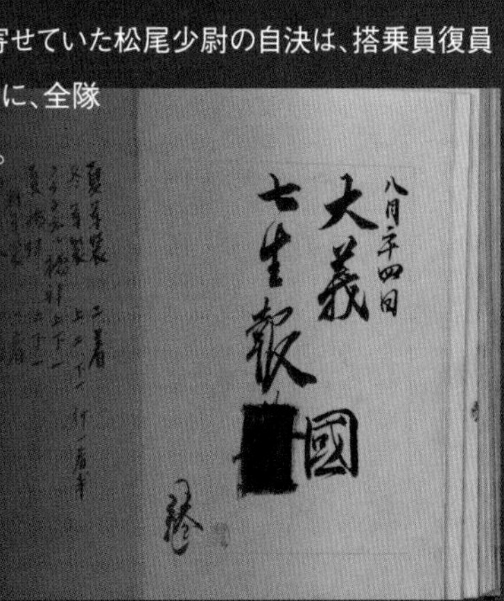

松尾少尉の自啓録

橋口大尉の遺品、血書の鉢巻と訓練に使用したと思われる笛

橋口大尉の血書出撃嘆願書

出撃を前に、若き命を散らした15人の搭乗員たち

決死の覚悟のもと、危険と隣り合わせの訓練に励んでいた搭乗員たちの中には、目的を果たせず命を落とした者もあった。訓練中、目標に定めた航行船に誤って接触したり、米軍機によって投下された機雷に触れて爆発する事故が後を絶たなかった。

※氏名の階級は生前のものです

中島健太郎中尉、宮沢 一信 少尉

1945（昭和20）年1月14日、徳山湾の海面には白波が立ち、岸壁には大波が押し寄せていた。回天の訓練には無理な天候ということで、訓練中止も考えられたが、戦場では悪天候でも発進しなければならないこともあり、中島中尉の操縦技量が信頼に足るものだったことから、訓練は決行された。午後2時、中島中尉操縦、宮沢一信少尉同乗の回天は発射場を発進。大津島の南方に浮かぶ島を回って湾内に戻る、長距離航法訓練に臨《のぞ》んだ。

1時間後に発進した別の回天が、狭水道を通過する前に浮上し特眼鏡で観測しようとすると、猛烈な向かい波を受けて、逆立ちしそうなほど上下に振り回された。その時、前方近くに中島、宮沢両名が乗った回天が波にもまれながら停止しているのを確認した。

中島中尉、宮沢少尉の乗った回天は故障により、停止したまま漂流し、消息を絶った。捜索は基地の大部分の搭乗員が出動し、大荒れの海上で夜間まで続けられたが見つからなかった。翌朝、全舟艇が出動し、空からは水上機が参加するなど、範囲を広げて懸命な捜索が行われた。午前8時頃、ようやく発見できたが、波が高くてハッチが開けられないので、近くの島まで曳航《えいこう》し、ハッチを開けるとハッチの真下に中島中尉が座っていた。2人は持ち場についたまま、安らかな顔で息絶えていた。艇内は冷え込んでいたのであろう、寒さをこらえるために応急用の携行食糧で命をつないだ形跡が見られたが、その甲斐もなかったようである。

矢崎 美仁 二飛曹

1945（昭和20）年3月16日、光基地での潜水艦からの発進訓練中、矢崎二飛曹が乗った回天は事故を起こし、排気ガスが艇内に漏れ、一酸化炭素中毒により殉職。艇内へ救出に入った整備員も気分が悪くなり、倒れてしまった。同僚の搭乗員2人は矢崎一飛曹の蘇生《そせい》を願いながら、人工呼吸を行ったり、血がにじむほどタオルでマッサージしたりと、2時間もの間、必死に手当てしたという。しかし、その甲斐もなく、帰らぬ人となってしまった。その搭乗員仲間2人は矢崎二飛曹の遺骨を寺に納め、隊員を代表して、毎日お参りしたという。

三好 守 中尉

三好中尉は海軍兵学校73期出身の張り切り士官で、口調は少しべらんめぇ調であったが、航行艦襲撃の腕前は見事だった。基地内では常に大声で部下搭乗員の指導をしていたという。1945（昭和20）年3月20日、光基地での目標艦への体当たり訓練中に深度を誤り、目標艦の艦底に激突した。日頃からファイトの塊だった三好中尉は、本懐《ほんかい》を遂げぬまま、その命を落とした。

阪本 宣道 二飛曹

1945（昭和20）年4月7日、どんより曇った春の日の午後、阪本二飛曹は光基地において、調整を済ませた回天に乗艇し、内部点検を始めた。同僚の搭乗員が「波は高くないが、視界が悪くなるかもしれん。注意しろよ」と声をかけると、「了解、心配するな。今日は午後3時から映画があるだろう。順調に回れたら、後の方は見られるかな」と余裕の返事が返ってきた。「何かうまいものでも調達して、席も取っといてやろう」「ネガイマス」と、おどけた調子でやりとりした後、回天は発射場を発進した。講堂では予定どおりの時間に映画が始まったが、途中で胸騒ぎを感じたその搭乗員は1時間も経たないうちに席を立ち、発射場に向かったという。

発射場では、何人もの整備員が慌ただしく動いていた。回天が小水無瀬に突っ込んだのだ。「何号艇か?搭乗員は誰か?」と、整備担当の下士官に手当たりしだい尋ねると、返事は「阪本兵曹」だった。前月には矢崎二飛曹、三好中尉が相次いで回天の事故で殉職。その後は不眠不休で回天の調整作業が続けられてきたので、もう大丈夫と思った矢先のことだった。病室に運ばれた阪本二飛曹を診察した軍医は、ガス中毒と診断。注射、人工呼吸、マッサージと応急処置が施された。何人かの戦友も駆けつけ、「死ぬな」と心の中で叫びながら、人工呼吸と血行をよくするためのマッサージに努めたが、回復することなく亡くなった。

十川 一 少尉

十川少尉は、川棚の魚雷艇学生の中から、4期予備学生としては最初に水中特攻に参加した約100人のうちの1人であった。1945（昭和20）年4月25日、平生基地での隠密潜入訓練中、航行船に衝突。深さ数十mの海底に沈んだ回天からは気泡が出ていた。急いで引き揚げたが、特眼鏡がハッチの上に折れ曲がり、ハッチが開けられないため、基地まで運搬して遺体を収容した。次第に水が入って沈没したらしく、回天の内部には壮烈な壁書きが残されていた。

入江 雷太 一飛曹、坂本 豊治 一飛曹

入江一飛曹は身長173cm、体重75kgの頑健な体の持ち主で、柔道は三段、猛者と呼ぶにふさわしい男だった。声も大きく、土浦航空隊時代、号令演習の際にその声を聞いた分隊長が「入江雷太、名は体を表すとはよく言ったもんだ」と感心したという。その入江一飛曹は、搭乗訓練を終了し出撃の順番を待っていた1945（昭和20）年5月17日、徳山湾の大津島付近の水域で攻撃訓練中、目標艦に激突し、同乗の坂本一飛曹と共に殉職。出撃直前の搭乗員の殉職に、無念さを押さえきれなかった特攻長は、入江一飛曹が加わるはずだった轟隊・伊号第36潜水艦の搭乗員に対し、「事故だけは絶対起こしてくれるなよ。出撃までは、みんな大事な体なんだから」と、訓練のたびに気遣った。

矢崎・阪本両二飛曹、三好中尉　三人の合同慰霊祭

楢原 武男 一飛曹、北村 鉄郎 一飛曹

楢原一飛曹と北村一飛曹が同乗した回天は、1945（昭和20）年5月11日、田布施の馬島沖で航行艦襲撃の訓練中、燃料切れのため浮上停止し、曳航されている途中に米軍機が投下した機雷に接触して爆発した。両一飛曹は回天とともに沈没し、必死の救助活動が行われたが、その後、回天とともに楢原一飛曹の亡骸が引き上げられた。上部ハッチは開き、爆発時に海中へ放り出されたのであろう、北村一飛曹の姿はそこにはなく、再び捜索が行われた。翌日、漁船の漁網に搭乗服がかかり、北村一飛曹の亡骸は収容された。痛々しい姿ながら、口元にはニッコリといつもの微笑をたたえ、首に巻いた絹のマフラーの白さが、集まった戦友たちの涙を誘った。

山本 孟 少尉候補生

山本候補生は、海軍兵学校74期を1945（昭和20）年3月に卒業し、特攻部隊を志願、同期の十数人とともに大津島基地に配属された。彼らは、1日も早く回天搭乗員として訓練を受けたいと望んでいた。しかし、当時の大津島基地には兵学校および予備学生出身の中尉や少尉、甲種飛行予科練習生など約200人の搭乗員が在籍していた。これに対し、訓練用回天は十数基しかなく、候補生たちには順番がなかなか回って来なかった。生来の真面目さに加えて頭もよかった山本候補生は、いち早く基礎を習得し、同期の中で、最初に訓練を開始することになった。

同年7月4日、山本候補生自身4、5回目となったこの日の搭乗訓練では、野島一周の航法訓練を行っていた。回天は順調に潜航を続けていたが、湾口まで3,000～4,000mの水域にさしかかった時、前方を3隻の曳船《えいせん》が通過。曳船の手前50mほどの所で特眼鏡が水面に現れたが、再び潜航を開始した。それから2分も経たないうちに、気泡が白く盛り上がって吹き出てきた。追躡《ついしょう》していた内火艇が気泡が上がっている場所に位置浮標を投下し、無線で基地に報告。やっとのことで到着したクレーン船が吊り上げてみると、折れ曲がった特眼鏡がハッチを押しつけていた。おそらく、特眼鏡を下げきらぬうちに曳船の底に接触したのだろう。基地に運び、ハッチを開けて山本候補生の遺体は収容された。軍医の診断では、沈没の折に水圧で即死だっただろうとのことである。苦悶した様子もなく、静かな表情の死に顔であった。回天作戦はおろか、基地の存在さえ秘密にしていたため、家族に見せるどころか、殉職の通知さえできなかったという。

和田 稔 少尉

1945（昭和20）年5月28日、和田稔少尉は同期の搭乗員80人の中で最初に轟隊の伊号第363潜水艦で出撃。しかし、荒天などの理由で発進の機会が得られず、帰投した経験を持つ。その後、7月25日の光基地沖での訓練中、潜水艦から発進したまま消息を絶ち、終戦後の9月18日、行方不明になった地点から十数km離れた長島に漂着しているのが発見された。そのとき、和田少尉は操縦席に端然《たんぜん》と座っていたという。

彼が海軍に入る前、東大生のときに記した義妹への遺留の書には、「私は今、私の青春の真昼前を、私の国に捧げる。私の希《のぞ》んだ花は遂に地上に開くことがなかったとは言え、私は私の根底からの叫喚《きょうかん》によって、きっと一つのより透明な、より美しい大華を大空に咲きこぼすことができるだろう。その時、私の柩の前に唱えられるものは、私の青春の挽歌《ばんか》ではなくして、私の青春への頌歌《おうか》であってほしい」という一節がある。

井手籠 博 一飛曹、夏堀 昭 一飛曹

色白で小柄だった井手籠、夏堀両一飛曹は、2人とも北海道の出身で、常に行動を共にしていた。1944（昭和19）年9月21日、2人は大津島基地に搭乗員として配属された。翌年5月、日南の油津港大節に掘削《くっさく》された壕に第33突撃隊として任務に就き、米軍の上陸に備えて密かに訓練を行っていた。同年7月には宮崎寄りの内海港に新基地が開設されることになって、同月16日、2人は油津から出向き、昼夜兼行の開設作業を続け、翌朝2時頃に完了。その日の午前中は自由行動ということで、眠りについた。

隊員たちが5時半頃に起床したときには2人の姿はなく、内海港の防波堤で好きな釣りでもしているのではと思われた。ところが、同7時30分頃、米軍P-51戦闘機2機による銃爆撃の急襲を受け、2人を除く隊員たちは裏山の壕に急遽退避した。その20分後、搭乗服の1人が防波堤の電柱の陰で倒れているとの知らせが届いた。捜索した結果、井手籠一飛曹が頭部腹部の貫通で戦死していた。一方、夏堀一飛曹は逃げ込んだ2階建住宅への爆撃により、倒壊した建物の下敷きになり、全身爆砕により戦死した。2人の亡骸は納棺され、軍艦旗に包まれて油津基地に帰還。翌18日午後、油津山中にて荼毘《だび》に付された後、正行寺で海軍葬を執り行い、遺骨の分骨は隊舎に安置された。

小林 好久 中尉

1945（昭和20）年7月31日、突然、徳山湾内の海面の一部がピーンと張りつめた状態になった。次の瞬間、海面から虹が立ち上り、海面が盛り上がり始めるやいなや、ドカーンという爆発音が轟《とどろ》き、見る見るうちに巨大な水柱が噴き上がった。この日、この付近では中村兵曹搭乗、小林中尉同乗の回天が訓練中だった。直ちに内火艇が現場に急行し、水面に浮かんでいた中村兵曹は救助されたが、小林中尉の姿はなかったという。

やがて、ダイバー船やクレーン船が現場に向かい、海底に沈没していた回天を引き揚げ、浸水した艇内から小林中尉の遺体を収容した。事故の原因は米軍機が投下した機雷への触雷である。爆発の衝撃で上部ハッチが開き、中村兵曹は噴き上げられて海面に放り出されたが、小林中尉は艇もろとも沈み絶命したものと判明した。

回天作戦による戦没搭乗員

隊員氏名	黒《くろ》木《き》 博《ひろ》司《し》	樋《ひ》口《ぐち》 孝《たかし》
出身県	岐 阜	東 京
没後階級	少 佐	少 佐
出身	海軍機関学校51期	海軍兵学校70期
基地／所属隊	大津島	大津島
搭載艦		
戦没海域	徳山湾（訓練中）	徳山湾（訓練中）
出撃年月日／戦没年月日	／S19.9.7	／S19.9.7
戦没年齢	22歳	22歳

隊員氏名	今《いま》西《にし》 太《た》一《いち》	上別府《かみべっぷ》 宜《よし》紀《のり》
出身県	京 都	鹿児島
没後階級	大 尉	中 佐
出身	予備学生3期（慶応大）	海軍兵学校70期
基地／所属隊	大津島／菊水	大津島／菊水
搭載艦	伊36	伊37
戦没海域	ウルシー	パラオ コッソル
出撃年月日／戦没年月日	S19.11.8／S19.11.20	S19.11.8／S19.11.20
戦没年齢	25歳	23歳

隊員氏名	村《むら》上《かみ》 克《かつ》巴《とも》	宇都宮《うつのみや》 秀《ひで》一《かず》
出身県	山 口	石 川
没後階級	少 佐	大 尉
出身	海軍機関学校53期	予備学生3期（東京大）
基地／所属隊	大津島／菊水	大津島／菊水
搭載艦	伊37	伊37
戦没海域	パラオ コッソル	パラオ コッソル
出撃年月日／戦没年月日	S19.11.8／S19.11.20	S19.11.8／S19.11.20
戦没年齢	20歳	23歳

■回天作戦による戦没者

潜水艦で出撃した回天搭乗員	80名
第1回天隊（白竜隊）第18号輸送艦にて進出した搭乗員	7名
進出基地にて空襲被弾した回天搭乗員	2名
訓練中に殉職した回天搭乗員	15名
戦後基地にて自決した回天搭乗員	2名
戦没潜水艦に同乗出撃した回天整備員	35名
第1回天隊（白竜隊）第18号輸送艦にて進出した回天整備基地員	120名
第2回天隊の進出途中に銃撃被弾した基地員	1名
出撃回天搭載潜水艦の乗組員	812名
第18号輸送艦の乗組員	225名

合計1,299名（うち搭乗員106名）

隊員氏名	近《こん》藤《どう》 和《かず》彦《ひこ》	福《ふく》田《だ》 斉《ひとし》	仁《に》科《しな》 関《せき》夫《お》	佐《さ》藤《とう》 章《あきら》
出身県	愛 知	福 岡	長 野	山 形
没後階級	大 尉	少 佐	少 佐	大 尉
出身	予備学生3期(名古屋高工)	海軍機関学校53期	海軍兵学校71期	予備学生3期(九州大)
基地／所属隊	大津島／菊水	大津島／菊水	大津島／菊水	大津島／菊水
搭載艦	伊37	伊47	伊47	伊47
戦没海域	パラオ コッソル	ウルシー	ウルシー	ウルシー
出撃年月日／戦没年月日	S19.11.8／S19.11.20	S19.11.8／S19.11.20	S19.11.8／S19.11.20	S19.11.8／S19.11.20
戦没年齢	21歳	22歳	21歳	26歳

隊員氏名	渡《わた》辺《なべ》 幸《こう》三《ぞう》	加《か》賀《が》谷《や》 武《たける》	都《と》所《どころ》 静《しづ》世《よ》	本《もと》井《い》 文《ぶん》哉《や》
出身県	東 京	樺 太	群 馬	新 潟
没後階級	大 尉	中 佐	少 佐	大 尉
出身	予備学生3期(慶応大)	海軍兵学校71期	海軍機関学校53期	海軍機関学校54期
基地／所属隊	大津島／菊水	大津島／金剛	大津島／金剛	大津島／金剛
搭載艦	伊47	伊36	伊36	伊36
戦没海域	ウルシー	ウルシー	ウルシー	ウルシー
出撃年月日／戦没年月日	S19.11.8／S19.11.20	S19.12.30／S20.1.12	S19.12.30／S20.1.12	S19.12.30／S20.1.12
戦没年齢	22歳	24歳	20歳	19歳

隊員氏名	福《ふく》本《もと》 百合満《ゆりみつ》	原《はら》 敦《あつ》郎《ろう》	川久保《かわくぼ》 輝《てる》夫《お》	村《むら》松《まつ》 実《みのる》
出身県	山 口	長 崎	鹿児島	静 岡
没後階級	少 尉	少 佐	少 佐	少 尉
出身	海軍水雷学校	予備学生3期(早稲田大)	海軍兵学校72期	海軍水雷学校
基地／所属隊	大津島／金剛	大津島／金剛	大津島／金剛	大津島／金剛
搭載艦	伊36	伊47	伊47	伊47
戦没海域	ウルシー	ホーランディア	ホーランディア	ホーランディア
出撃年月日／戦没年月日	S19.12.30／S20.1.12	S19.12.25／S20.1.12	S19.12.25／S20.1.12	S19.12.25／S20.1.12
戦没年齢	24歳	25歳	21歳	23歳

   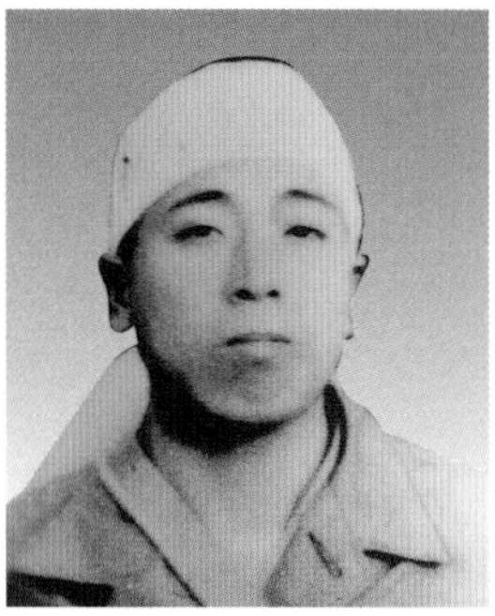

隊員氏名	佐《さ》藤《とう》 勝《かつ》美《み》	久《く》住《すみ》 宏《ひろし》	伊《い》東《とう》 修《おさむ》	有《あり》森《もり》 文《ぶん》吉《きち》
出身県	福 島	埼 玉	鹿児島	佐 賀
没後階級	少 尉	少 佐	大 尉	少 尉
出身	海軍水雷学校	海軍兵学校72期	海軍機関学校54期	海軍水雷学校
基地／所属隊	大津島／金剛	大津島／金剛	大津島／金剛	大津島／金剛
搭載艦	伊47	伊53	伊53	伊53
戦没海域	ホーランディア	パラオ コッソル	パラオ コッソル	パラオ コッソル
出撃年月日／戦没年月日	S19.12.25／S20.1.12	S19.12.30／S20.1.12	S19.12.30／S20.1.12	S19.12.30／S20.1.12
戦没年齢	23歳	22歳	20歳	26歳

隊員氏名	工《く》藤《どう》 義《よし》彦《ひこ》	石《いし》川《かわ》 誠《せい》三《ぞう》	森《もり》 稔《みのる》	三《さえ》枝《ぐさ》 直《まこと》
出身県	大 分	茨 城	北海道	山 梨
没後階級	少 佐	少 佐	少 尉	少 尉
出身	予備学生3期（大分高商）	海軍兵学校72期	道立滝川中（甲飛予科練13期）	県立甲府中（甲飛予科練13期）
基地／所属隊	大津島／金剛	大津島／金剛	大津島／金剛	大津島／金剛
搭載艦	伊58	伊58	伊58	伊58
戦没海域	グアム アプラ港	グアム アプラ港	グアム アプラ港	グアム アプラ港
出撃年月日／戦没年月日	S19.12.30／S20.1.12	S19.12.30／S20.1.12	S19.12.30／S20.1.12	S19.12.30／S20.1.12
戦没年齢	21歳	21歳	18歳	18歳

隊員氏名	中《なか》島《じま》 健太郎《けんたろう》	宮《みや》沢《ざわ》 一《かず》信《のぶ》	豊《とよ》住《ずみ》 和《かず》寿《とし》	吉《よし》本《もと》 健太郎《けんたろう》
出身県	長 野	長 野	熊 本	山 口
没後階級	大 尉	中 尉	少 佐	少 佐
出身	海軍兵学校72期	海軍機関学校54期	海軍機関学校53期	海軍兵学校72期
基地／所属隊	大津島	大津島	大津島／金剛	大津島／金剛
搭載艦			伊48	伊48
戦没海域	徳山湾外（訓練中）	徳山湾外（訓練中）	ウルシー	ウルシー
出撃年月日／戦没年月日	／S20.1.14	／S20.1.14	S20.1.9／S20.1.21	S20.1.9／S20.1.21
戦没年齢	22歳	21歳	21歳	20歳

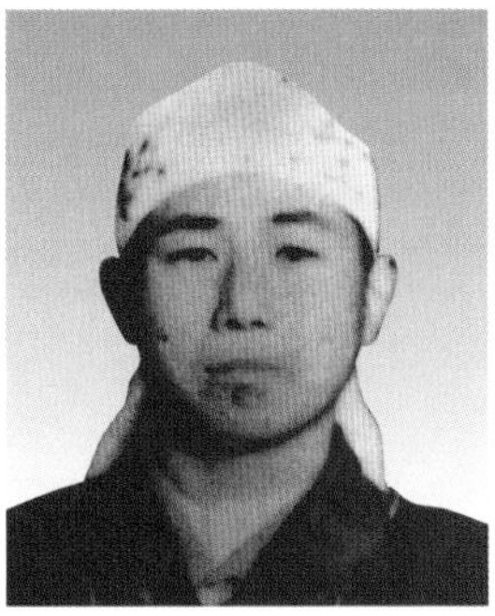

隊員氏名	塚《つか》本《もと》 太《た》郎《ろう》	井《い》芹《ぜり》 勝《かつ》見《み》	川《かわ》崎《さき》 順《じゅん》二《じ》	難《なん》波《ば》 進《すすむ》
出身県	茨 城	熊 本	鹿児島	東 京
没後階級	大 尉	少 尉	少 佐	大 尉
出身	予備学生4期（慶応大）	海軍水雷学校	海軍機関学校53期	予備学生4期（中央大）
基地／所属隊	大津島／金剛	大津島／金剛	大津島／千早	大津島／千早
搭載艦	伊48	伊48	伊368	伊368
戦没海域	ウルシー	ウルシー	硫黄島	硫黄島
出撃年月日／戦没年月日	S20.1.9／S20.1.21	S20.1.9／S20.1.21	S20.2.20／S20.2.26	S20.2.20／S20.2.26
戦没年齢	21歳	22歳	22歳	23歳

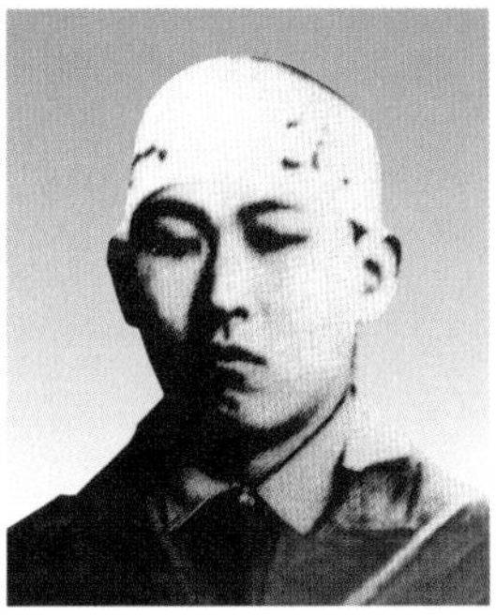

隊員氏名	石《いし》田《だ》 敏《とし》雄《お》	芝《しば》崎《さき》 昭《しょう》七《しち》	磯《いそ》部《べ》 武《たけ》雄《お》	田《た》中《なか》 二《じ》郎《ろう》
出身県	山 口	北海道	東 京	兵 庫
没後階級	大 尉	少 尉	少 尉	大 尉
出身	予備学生4期（拓殖大）	旭川商（甲飛予科練13期）	麻布中（甲飛予科練13期）	予備学生4期（慶応大）
基地／所属隊	大津島／千早	大津島／千早	大津島／千早	光／千早
搭載艦	伊368	伊368	伊368	伊370
戦没海域	硫黄島	硫黄島	硫黄島	硫黄島
出撃年月日／戦没年月日	S20.2.20／S20.2.26	S20.2.20／S20.2.26	S20.2.20／S20.2.26	S20.2.20／S20.2.26
戦没年齢	24歳	18歳	17歳	24歳

隊員氏名	市《いち》川《かわ》 尊《たか》継《つぐ》	岡《おか》山《やま》 至《いたる》	浦《うら》佐《さ》 登《と》一《いち》	熊《くま》田《だ》 孝《たか》一《かづ》
出身県	新 潟	宮 崎	群 馬	福 島
没後階級	大 尉	大 尉	少 尉	少 尉
出身	予備学生4期（早稲田大）	海軍機関学校54期	甲飛予科練13期	甲飛予科練13期
基地／所属隊	光／千早	光／千早	光／千早	光／千早
搭載艦	伊370	伊370	伊370	伊370
戦没海域	硫黄島	硫黄島	硫黄島	硫黄島
出撃年月日／戦没年月日	S20.2.20／S20.2.26	S20.2.20／S20.2.26	S20.2.20／S20.2.26	S20.2.20／S20.2.26
戦没年齢	23歳	20歳	20歳	17歳

隊員氏名	矢《や》崎《ざき》 美《よし》仁《ひと》	田《た》中《なか》 金之助《きんのすけ》	伊《い》東《とう》 祐《すけ》之《ゆき》	三《み》好《よし》 守《まもる》
出身県	山 梨	大 阪	岩 手	東 京
没後階級	一飛曹	一 曹	一飛曹	大 尉
出身	区立杉並中（甲飛予科練13期）	海軍水雷学校	甲飛予科練13期	海軍兵学校73期
基地／所属隊	光	光／白竜	光／白竜	光
搭載艦		第18輸送艦	第18輸送艦	
戦没海域	光基地沖（訓練中）	沖 縄 慶良間	沖 縄 慶良間	光基地沖（訓練中）
出撃年月日／戦没年月日	／S20.3.16	S20.3.13／S20.3.18	S20.3.13／S20.3.18	／S20.3.20
戦没年齢	19歳	23歳	18歳	21歳

隊員氏名	猪《いの》熊《くま》 房《ふさ》蔵《ぞう》	河《か》合《あい》 不死男《ふじお》	堀《ほっ》田《た》 耕之祐《こうのすけ》	阪《さか》本《もと》 宣《のぶ》道《みち》
出身県	東 京	愛 知	大 阪	兵 庫
没後階級	一飛曹	大 尉	中 尉	一飛曹
出身	甲飛予科練13期	海軍兵学校72期	予備学生3期（京都大）	青山学院中（甲飛予科練13期）
基地／所属隊	光／白竜	光／白竜	光／白竜	光
搭載艦	第18輸送艦	第18輸送艦	第18輸送艦	
戦没海域	沖 縄 慶良間	沖 縄 慶良間	沖 縄 慶良間	光基地沖（訓練中）
出撃年月日／戦没年月日	S20.3.13／S20.3.24	S20.3.13／S20.3.30	S20.3.13／S20.3.30	／S20.4.7
戦没年齢	18歳	23歳	23歳	18歳

隊員氏名	土《ど》井《い》 秀《ひで》夫《お》	館《たて》脇《わき》 孝《たか》治《はる》	亥《い》角《すみ》 泰《やす》彦《ひこ》	菅《すが》原《はら》 彦《ひこ》五《ご》
出身県	大 阪	福 島	京 都	宮 崎
没後階級	少 佐	大 尉	大 尉	少 尉
出身	海軍兵学校72期	予備学生4期（中央大）	予備学生4期（東京大）	電通工（甲飛予科練13期）
基地／所属隊	大津島／多々良	大津島／多々良	大津島／多々良	大津島／多々良
搭載艦	伊44	伊44	伊44	伊44
戦没海域	沖 縄	沖 縄	沖 縄	沖 縄
出撃年月日／戦没年月日	S20.4.3／S20.4.14	S20.4.3/S20.4.14	S20.4.3／S20.4.14	S20.4.3／S20.4.14
戦没年齢	22歳	23歳	22歳	18歳

隊員氏名	福《ふく》島《しま》 誠《せい》二《じ》	八《や》木《ぎ》 寛《ひろし》	矢《や》代《しろ》 清《きよし》	石《いし》直《じき》 新五郎《しんごろう》
出身県	和歌山	山口	東京	岩手
没後階級	少佐	大尉	少尉	少尉
出身	海軍兵学校72期	予備学生4期（関西大）	高輪工業高（甲飛予科練13期）	県立遠野中（甲飛予科練13期）
基地／所属隊	大津島／多々良	大津島／多々良	大津島／多々良	大津島／多々良
搭載艦	伊56	伊56	伊56	伊56
戦没海域	沖縄	沖縄	沖縄	沖縄
出撃年月日／戦没年月日	S20.3.31／S20.4.14	S20.3.31／S20.4.14	S20.3.31／S20.4.14	S20.3.13／S20.4.14
戦没年齢	21歳	23歳	19歳	18歳

隊員氏名	宮《みや》崎《ざき》 和《かず》夫《お》	川《かわ》浪《なみ》 由《よし》勝《かつ》	十《そ》川《がわ》 一《はじめ》	八《や》木《ぎ》 悌《てい》二《じ》
出身県	北海道	北海道	岡山	熊本
没後階級	少尉	少尉	中尉	少佐
出身	市立夕張中（甲飛予科練13期）	留萠中（甲飛予科練13期）	予備学生4期（慶応大）	海軍機関学校54期
基地／所属隊	大津島／多々良	大津島／多々良	平生	光／天武
搭載艦	伊56	伊56		伊36
戦没海域	沖縄	沖縄	平生 佐賀沖（訓練中）	沖縄
出撃年月日／戦没年月日	S20.3.31／S20.4.14	S20.3.31／S20.4.14	／S20.4.25	S20.4.22／S20.4.27
戦没年齢	18歳	18歳	24歳	19歳

隊員氏名	松《まつ》田《だ》 光《みつ》雄《お》	海老原《えびはら》 清三郎《きよさぶろう》	安《あ》部《べ》 英《ひで》雄《お》	柿《かき》崎《ざき》 実《みのる》
出身県	茨城	東京	北海道	山形
没後階級	少尉	少尉	少尉	少佐
出身	県立古河商業（甲飛予科練13期）	府立実科工業（甲飛予科練13期）	小樽商業（甲飛予科練13期）	海軍兵学校72期
基地／所属隊	光／天武	光／天武	光／天武	光／天武
搭載艦	伊36	伊36	伊36	伊47
戦没海域	沖縄	沖縄	沖縄	沖縄
出撃年月日／戦没年月日	S20.4.22／S20.4.27	S20.4.22／S20.4.27	S20.4.22／S20.4.27	S20.4.20／S20.5.2
戦没年齢	20歳	18歳	18歳	22歳

隊員氏名	古《ふる》川《かわ》 七《しち》郎《ろう》	山《やま》口《ぐち》 重《しげ》雄《お》	前《まえ》田《だ》 肇《はじめ》	楢《なら》原《はら》 武《たけ》男《お》
出身県	岐阜	佐賀	福岡	埼玉
没後階級	少尉	少尉	少佐	上飛曹
出身	海軍水雷学校	海軍水雷学校	予備学生3期(福岡第2師範)	甲飛予科練13期
基地／所属隊	光／天武	光／天武	光／天武	平生
搭載艦	伊47	伊47	伊47	
戦没海域	沖縄	沖縄	沖縄	田布施　馬島沖(訓練中)
出撃年月日／戦没年月日	S20.4.20／S20.5.2	S20.4.20／S20.5.2	S20.4.20／S20.5.7	／S20.5.11
戦没年齢	27歳	23歳	21歳	21歳

隊員氏名	北《きた》村《むら》 鉄《てつ》郎《ろう》	入《いり》江《え》 雷《らい》太《た》	坂《さか》本《もと》 豊《とよ》治《じ》	千《ち》葉《ば》 三《さぶ》郎《ろう》
出身県	福岡	東京	岩手	岩手
没後階級	上飛曹	上飛曹	上飛曹	少尉
出身	甲飛予科練13期	甲飛予科練13期	県立黒沢尻中(甲飛予科練13期)	県立黒沢尻工業(甲飛予科練13期)
基地／所属隊	平生	大津島	大津島	大津島／振武
搭載艦				伊367
戦没海域	田布施　馬島沖(訓練中)	徳山湾(訓練中)	徳山湾(訓練中)	沖縄
出撃年月日／戦没年月日	／S20.5.11	／S20.5.17	／S20.5.17	S20.5.5／S20.5.27
戦没年齢	19歳	19歳	18歳	19歳

隊員氏名	小《お》野《の》 正《まさ》明《あき》	赤《あか》近《ちか》 忠《ただ》三《み》	新《にい》野《の》 守《もり》夫《お》	小《こ》林《ばやし》 富三雄《ふみお》
出身県	青森	鹿児島	徳島	三重
没後階級	少尉	一飛曹	一曹	少佐
出身	昭和中(甲飛予科練13期)	甲飛予科練13期	海軍水雷学校	海軍機関学校54期
基地／所属隊	大津島／振武	光／白竜	光／白竜	光／轟
搭載艦	伊367	第18輸送艦	第18輸送艦	伊361
戦没海域	沖縄	沖縄　慶良間	沖縄　慶良間	沖縄
出撃年月日／戦没年月日	S20.5.5／S20.5.27	S20.3.13／S20.6.13	S20.3.13／S20.6.14	S20.5.24／S20.6.15
戦没年齢	18歳	20歳	23歳	21歳

隊員氏名	金《かな》井《い》 行《ゆき》雄《お》	斉《さい》藤《とう》 達《たつ》雄《お》	岩《いわ》崎《さき》 静《しず》也《や》	田《た》辺《なべ》 晋《すすむ》
出身県	群 馬	茨 城	北海道	千 葉
没後階級	少 尉	少 尉	少 尉	少 尉
出身	甲飛予科練13期	中央航空研究所（甲飛予科練13期）	甲飛予科練13期	甲飛予科練13期
基地／所属隊	光／轟	光／轟	光／轟	光／轟
搭載艦	伊361	伊361	伊361	伊361
戦没海域	沖 縄	沖 縄	沖 縄	沖 縄
出撃年月日／戦没年月日	S20.5.24／S20.6.15	S20.5.24／S20.6.15	S20.5.24／S20.6.15	S20.5.24／S20.6.15
戦没年齢	21歳	17歳	17歳	19歳

隊員氏名	池《いけ》淵《ぶち》 信《のぶ》夫《お》	久《く》家《げ》 稔《みのる》	柳《やなぎ》谷《や》 秀《ひで》正《まさ》	山《やま》本《もと》 孟《たけし》
出身県	兵 庫	大 阪	北海道	広 島
没後階級	少 佐	大 尉	少 尉	少 尉
出身	予備学生3期（大阪日本大）	予備学生4期（大阪商大）	小樽水産（甲飛予科練13期）	海軍兵学校74期
基地／所属隊	大津島／轟	大津島／轟	大津島／轟	大津島
搭載艦	伊36	伊36	伊36	
戦没海域	マリアナ	マリアナ	マリアナ	徳山湾（訓練中）
出撃年月日／戦没年月日	S20.6.4／S20.6.28	S20.6.4／S20.6.28	S20.6.4／S20.6.28	／S20.7.4
戦没年齢	24歳	22歳	20歳	19歳

隊員氏名	水《みず》知《ち》 創《そう》一《いち》	北《きた》村《むら》 十二《じゅうじ》郎《ろう》	井《い》手《て》籠《ごもり》 博《ひろし》	夏《なつ》堀《ぼり》 昭《あきら》
出身県	兵 庫	長 野	北海道	北海道
没後階級	大 尉	少 尉	上飛曹	上飛曹
出身	予備学生4期（早稲田大）	台湾新竹中（甲飛予科練13期）	釧路中（甲飛予科練13期）	釧路中（甲飛予科練13期）
基地／所属隊	光／轟	光／轟	大津島／33突	大津島／33突
搭載艦	伊165	伊165		
戦没海域	マリアナ東方	マリアナ東方	油津（基地内にて被弾）	油津（基地内にて被弾）
出撃年月日／戦没年月日	S20.6.15／S20.7.16	S20.6.15／S20.7.16	／S20.7.17	／S20.7.17
戦没年齢	21歳	21歳	18歳	17歳

  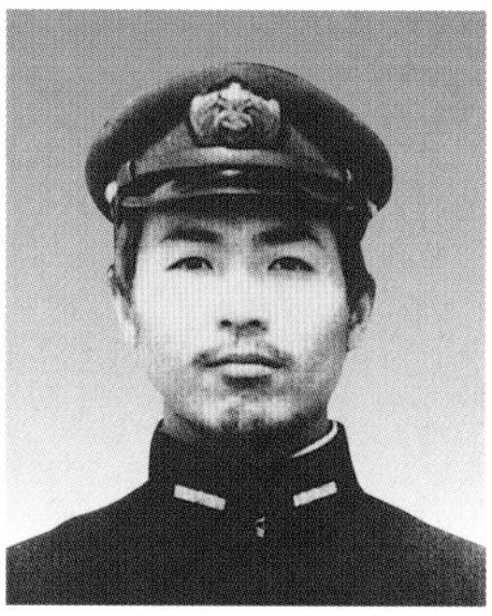 

隊員氏名	勝《かつ》山《やま》　淳《じゅん》	和《わ》田《だ》　稔《みのる》	伴《ばん》　修《しゅう》二《じ》	小《こ》森《もり》　一《かず》之《ゆき》
出身県	茨　城	静　岡	岡　山	富　山
没後階級	少　佐	中　尉	少　佐	少　尉
出身	海軍兵学校73期	予備学生4期（東京大）	予備学生3期（麻布獣医）	県立高岡工芸（甲飛予科練13期）
基地／所属隊	大津島／多聞	光	平生／多聞	平生／多聞
搭載艦	伊53		伊58	伊58
戦没海域	沖　縄	光基地沖（訓練中）	沖　縄	沖　縄
出撃年月日／戦没年月日	S20.7.14／S20.7.24	／S20.7.25	S20.7.18／S20.7.28	S20.7.18／S20.7.28
戦没年齢	20歳	23歳	22歳	19歳

   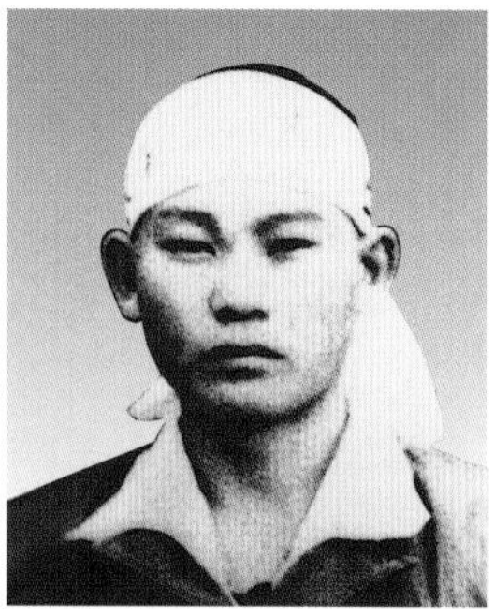

隊員氏名	川《かわ》尻《じり》　勉《つとむ》	小《こ》林《ばやし》　好《よし》久《ひさ》	関《せき》　豊《とよ》興《おき》	荒《あら》川《かわ》　正《まさ》弘《ひろ》
出身県	北海道	新　潟	秋　田	山　形
没後階級	少　尉	大　尉	大　尉	少　尉
出身	北見中（甲飛予科練13期）	予備学生3期（長岡工専）	予備生徒1期（明治学院大）	法政大（甲飛予科練13期）
基地／所属隊	大津島／多聞	大津島	大津島／多聞	大津島／多聞
搭載艦	伊53		伊53	伊53
戦没海域	沖　縄	徳山湾（訓練中）	沖　縄	沖　縄
出撃年月日／戦没年月日	S20.7.14／S20.7.29	／S20.7.31	S20.7.14／S20.8.4	S20.7.14／S20.8.4
戦没年齢	17歳	22歳	22歳	21歳

 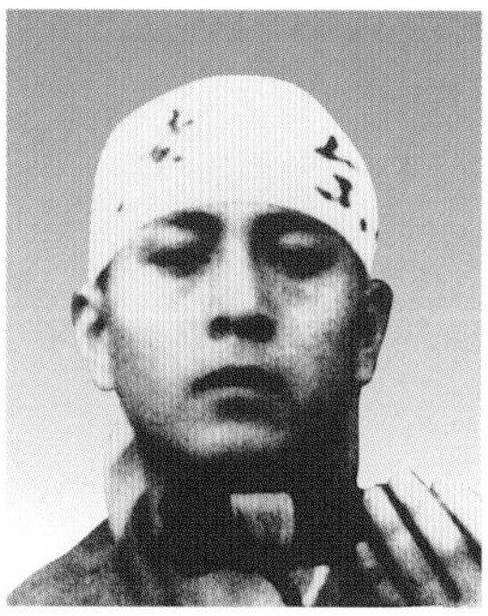  

隊員氏名	水《みず》井《い》　淑《よし》夫《お》	中《なか》井《い》　昭《あきら》	成《なる》瀬《せ》　謙《けん》治《じ》	上《うえ》西《にし》　徳《のり》英《ひで》
出身県	兵　庫	京　都	愛　知	福　岡
没後階級	大　尉	少　尉	少　佐	少　尉
出身	予備学生4期（九州大）	府立淀川工業（甲飛予科練13期）	海軍兵学校73期	県立築上中（甲飛予科練13期）
基地／所属隊	平生／多聞	平生／多聞	光／多聞	光／多聞
搭載艦	伊58	伊58	伊366	伊366
戦没海域	沖　縄	沖　縄	沖　縄	沖　縄
出撃年月日／戦没年月日	S20.7.18／S20.8.10	S20.7.18／S20.8.10	S20.8.1／S20.8.11	S20.8.1／S20.8.11
戦没年齢	23歳	18歳	21歳	18歳

隊員氏名	佐《さ》野《の》 元《はじめ》	林《はやし》 義《よし》明《あき》	橋《はし》口《ぐち》 寛《ひろし》	松《まつ》尾《お》 秀《ひで》輔《すけ》
出身県	京 都	新 潟	鹿児島	和歌山
没後階級	少 尉	少 尉	大 尉	中 尉
出身	園部中（甲飛予科練13期）	台南第一中（甲飛予科練13期）	海軍兵学校72期	海軍兵学校74期
基地／所属隊	光／多聞	平生／多聞	平 生	大 神
搭載艦	伊366	伊58		
戦没海域	沖 縄	沖 縄	平生（自決）	大神（自決）
出撃年月日／戦没年月日	S20.8.1／S20.8.11	S20.7.18／S20.8.12	／S20.8.18	／S20.8.25
戦没年齢	18歳	19歳	21歳	20歳

■戦没搭乗員106名記録

1. 出身県別

樺 太…………1	埼 玉…………2	静 岡…………2	山 口…………5
北海道………10	千 葉…………1	愛 知…………3	徳 島…………1
青 森…………1	東 京…………9	三 重…………1	福 岡…………4
岩 手…………4	新 潟…………4	京 都…………4	佐 賀…………2
秋 田…………1	富 山…………1	大 阪…………4	長 崎…………1
山 形…………3	石 川…………1	兵 庫…………5	熊 本…………3
福 島…………3	山 梨…………2	和歌山…………2	大 分…………1
茨 城…………5	長 野…………4	岡 山…………2	宮 崎…………2
群 馬…………3	岐 阜…………2	広 島…………1	鹿児島…………6

計 1都1道2府31県+樺太

2. 出 身

海軍兵学校……………………19
海軍機関学校…………………12
海軍水雷学校……………………9
予備学生…………………………26
甲種飛行予科練習生…………40

3. 没時平均年齢…………20.8歳

遺書・遺稿

回天搭乗員　魂のメッセージ

家族への感謝と慈愛、親友への惜別の言葉、
お世話になった人へのお礼と、未来への憂国の念。
出撃に際して綴った「思いの丈」を、偽らざる心中を、
遺書や遺稿に託し、彼らは特攻へと旅立った――。

※氏名の階級は没後のものです。
※文中には適宜、句読点を加え、現代仮名づかいとしている箇所があります。

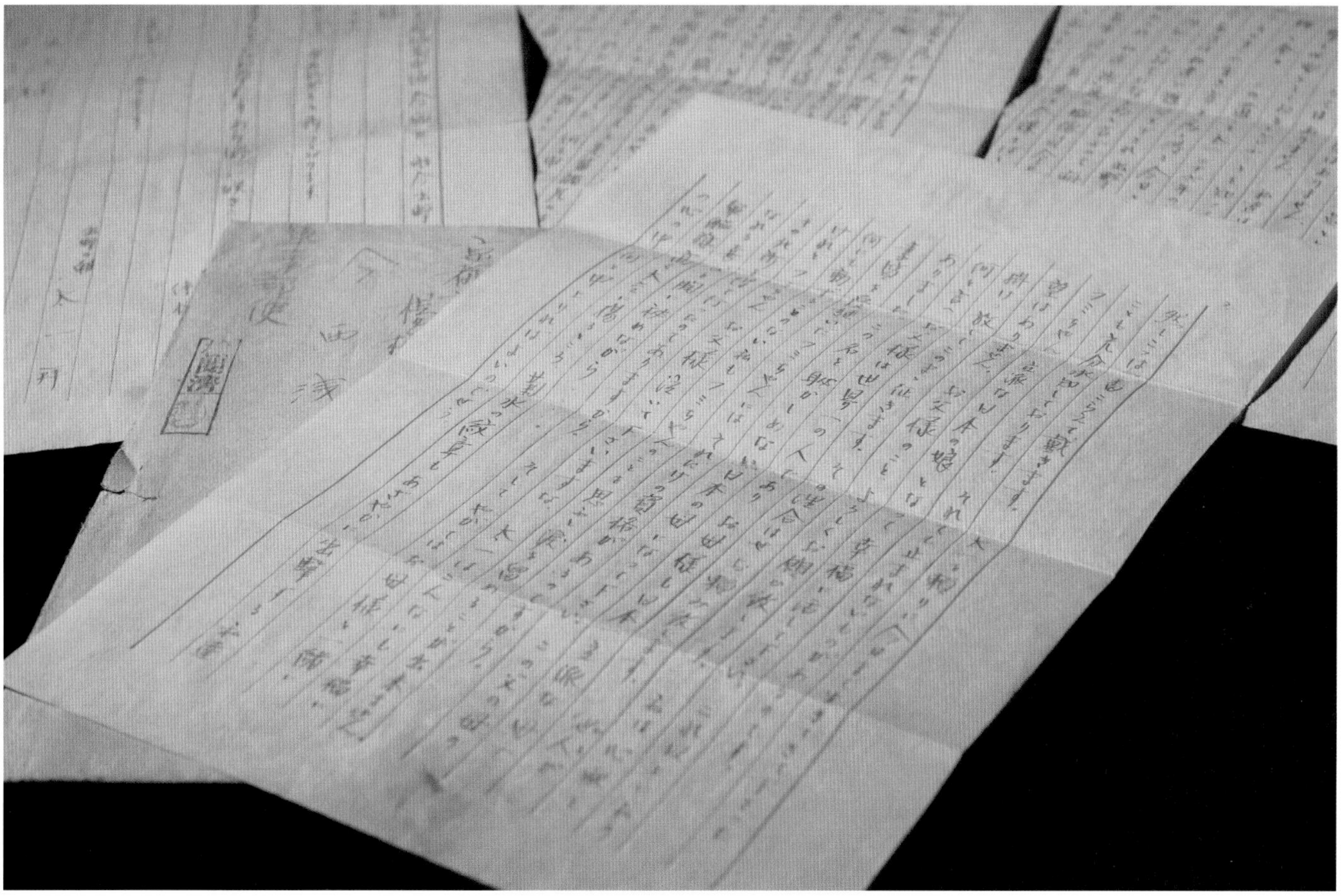

お父様
フミちゃん
　太一は本日、回天特別攻撃隊菊水隊の一員として出撃します。日本男児と生まれ、これに過ぐる光栄はありません。勿論生死の程は論ずるところではありません。私達はただ今日の日本が、この私達の突撃を必要としていると言う事を、知っているのみであります。
（中略）
　最後のお別れを充分にして来る様にと家に帰して戴いた時、実のところは、もっともっと苦しいものだろうと予想して居ったのであります。しかしこの攻撃をかけるのが決して特別のものでなく、日本の今日としては当り前の事であると信じている私には、何等悲壮な感も起こらず、あのような楽しいときを持ちました。坂本龍馬、中岡慎太郎、木戸孝允と先輩諸兄の墓に詣で、ひそかにその志に触れたく思ったのでありました。何も申上げられなかった事、申訳ないこととも思いますが、これだけはお許し下さい。
　お父様、フミちゃんのそのさみしい生活を考えると何にも言えなくなります。けれど日本は非常の秋に直面しております。日本人たるもの、この戦法に出づるのは当然のことなのであります。日本人としての真の生き方の出来るこの私、親不孝とは考えておりません。淋しいのはよくわかります。しかしここは一番こらえて戴きます。太一を頼りに、今日まで生きてきて下さったことも、充分承知しております。それでも止まれないものがあるのです。
　フミちゃん、立派な日本の娘となって幸福に活して下さい。これ以上に私の望みはありません。お父様のこと、よろしくお願い致します。私は心配を掛けっ放しで、このまま征きます。その埋め合わせお頼み致します。他人が何と言え、お父様は世界一の人であり、お母様も日本一立派な母でありました。この名を恥ずかしめない、日本の母になって下さい。この父の母の素質を受け継いだフミちゃんには、それだけの資格があるのですから。
　何にも動ずる事のない私も、フミちゃんの事を思うと涙を留める事が出来ません。けれどフミちゃん、お父様、泣いて下さいますな。太一はこんなにも幸福に、その死所を得て行ったのでありますから。そして、やがてはお母様と一緒になれる喜びを胸に秘めながら…。
　軍艦旗高く大空に揚るところ、菊水の紋章もあざやかに出撃する私達の心の中、何と申上げればよいのでしょう。
　回天特別攻撃隊　菊水隊　今西太一、唯今出撃致します。
お父様
フミちゃん
　お元気で幸あれかしと祈っております。
　　ますらをのかばね草むすあら野べに　咲きこそにほへ大和なでしこ　（伊林光平）
　元気で行って参ります。　出撃の朝　太一拝
父上様
フミ様

今西　太一　大尉
菊水隊伊号第36潜水艦　大津島より出撃
昭和19年11月20日
ウルシー海域にて突入　戦死
京都府出身　慶応大卒
25歳

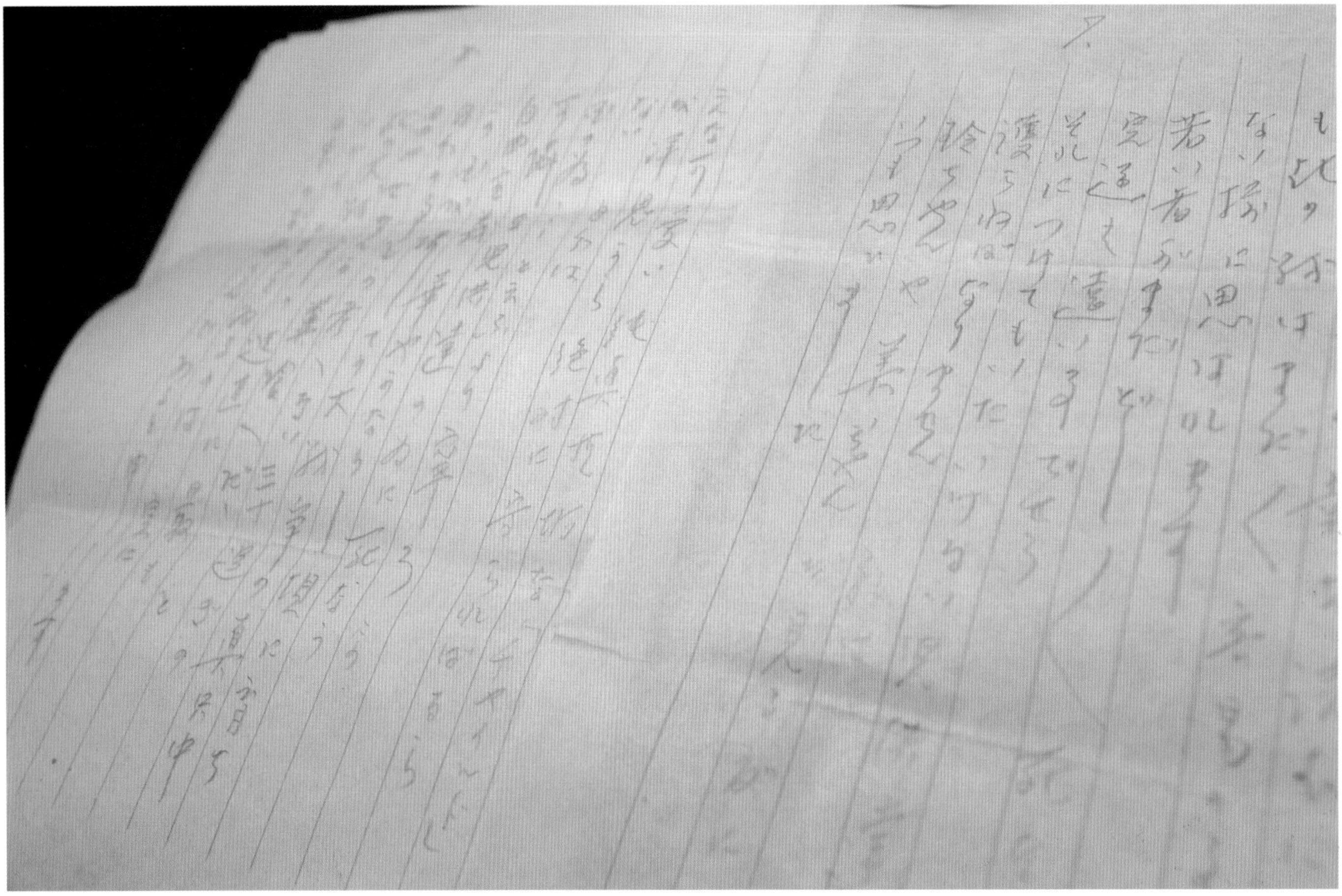

蒸し風呂の中にいる様で、何をするのも億劫なのですけれど、やさしい姉上様のお姿を偲びつ、最後にもう一度筆を執ります。

（中略）

艦内で作戦電報を読むにつけても、この戦はまだまだ容易の事ではない様に思われます。若い者が、まだどしどし死ななければ、完遂も遠い事でしょう。それにつけても、いたいけな子供達を護らねばなりません。私は玲ちゃんや美いちゃんを見る度に、いつも思いました。こんな可愛い純真無垢な「チャイルド」を洋鬼から絶対に守らねばならない。自分は国の為…と言うより、寧ろこの可憐な子供達の為に死のう。自由主義華やかなりし頃に育ち、この国を壊しての大戦争の真っ只中、自分の事しか考えない三十過ぎの男や女なんかくそ食らえだと。この大戦争の進直に最も阻害となっているのは、実に日本のお母さんであると申します。自分の子が軍籍に入る事を嫌う。殊に危険な飛行機、潜水艦方面に行く事を止める。挺身隊に出る事は、躾が崩れる様に思っていやがる。そのくせ自分の事、殊に衣食となると、ヤミも敢えて辞さないと言う。こんな事で戦争に勝てるでしょうか。口でばかり偉そうな事ばかりいって、実際見聞きするに堪えないような忌まわしい事が、如何に多い事でしょうか。

（中略）

しかしこんな事にこだわるのは、まだ小さいのです。実際今では、そんな気持ちは少しもありません。生意気の様ですが無に近い境地です。攻撃決行の日は日一日と迫って参りますが、別に急ぐでもなく、日々平常です。陽に当たらないので段々食欲もなくなり、痩せて肌が白くなってきましたが、日々訓練、整備の傍らトランプをやったり、蓄音機に暇を潰しています。

今六日〇二四五なのですが、一体午前の二時四十五分やら、午後の二時四十五分やら、とにかく、時の観念はなくなります。

姉上様もうお休みの事でしょうね。いま「総員配置につけ」がありました。では、これでさようならします。軍機に関する事は一切書かなかったつもりですが、何か知り得た様な事がありましたら、ご他言下さいませんように。尚その際は、消却方お願いします。

姉上様の、末永く御幸福でありますよう、南海の中よりお祈り申し上げます。

一月六日　静世

姉上様

都所　静世　少佐

金剛隊伊号第36潜水艦　大津島より出撃

昭和20年1月12日

ウルシー海域にて突入　戦死

群馬県出身　海軍機関学校53期

20歳

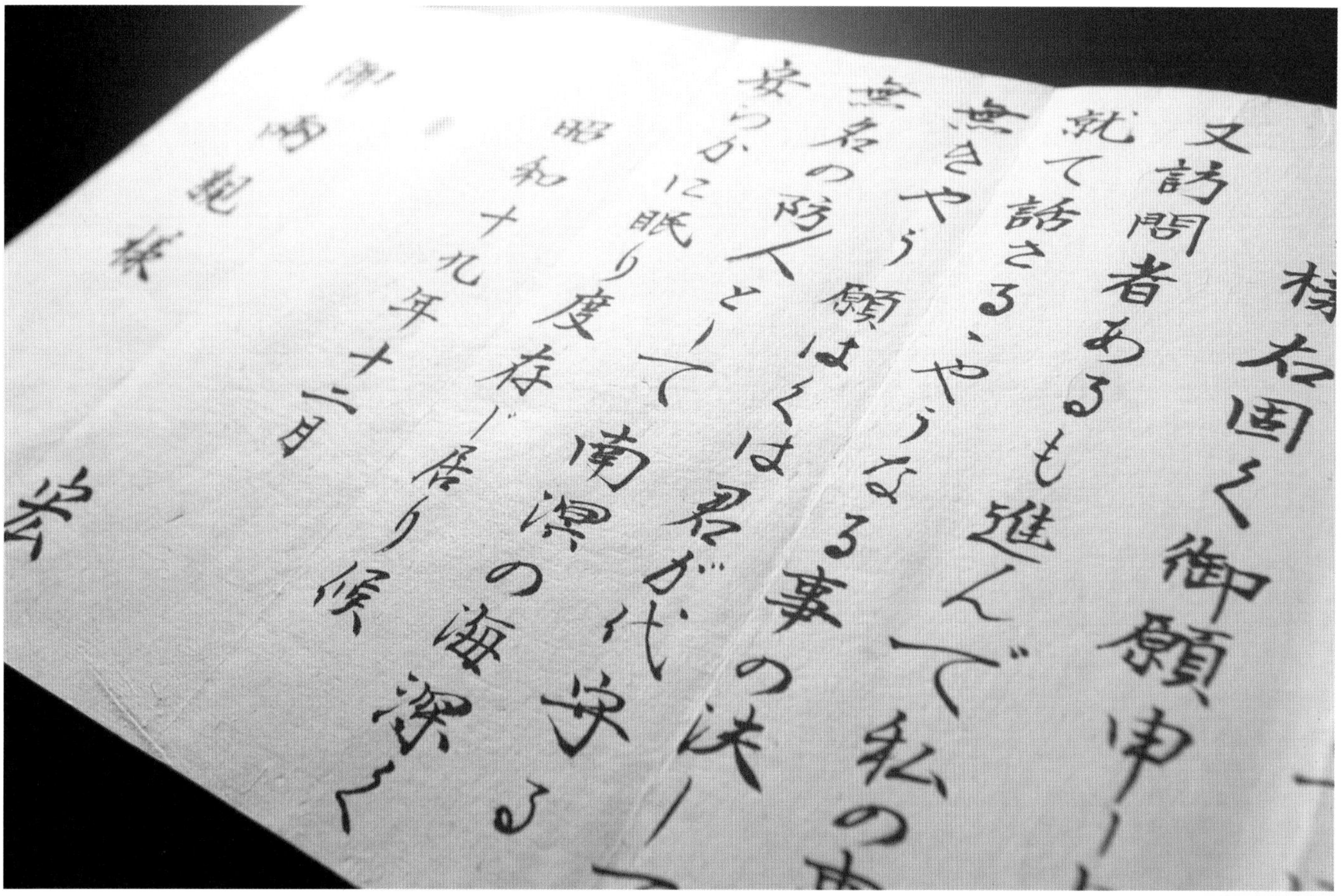

遺書

有史以来最大の危機に当たり微力ながらも皇国守護の一礎石として帰らぬ数に入る。

二十余年の御高恩に報ゆるに此の一筋道を以てするを人の子として深く御詫び申し上げ候。

皇国の存亡を決する大決戦に当たり一塊の肉弾幸に敵艦を斃すを得ば、先立つ罪は許され度、此の度の挙もとより使命の重大なる比するに類無く、単なる一壮挙には決して之無く、生死を超えて固く成功を期し居り候。

兄上には相馬ヶ原にて別れて以来二年有余なるも魂は何時も通じ、隔つと雖も何の不安も之無く候。

御両親様には私の早く逝きたる事に就いては、呉々も御落胆ある事無く、私は無上の喜びに燃えて心中一点の曇り無く征きたるなれば、何卒幸福なる子と思し召され度。

祖母上様と共に愈々御健やかに御暮らし下さるよう祈り上げ候。

没後の処理に就いては別紙に認めたれば、然るべく。次に二、三御願、聞き置かれ度。第一に万が一此の度の挙が公にされ、私の事が表に出る如き事あらば努めて固辞して、決して世人の目に触れしめず、騒がるる事無きよう、葬儀その他の行事も努めて内輪にさるる様、右固く御願い申し上げ候。

又訪問者あるも、進んで私の事に就いて話さるるようなる事の決してなきよう。

願わくは君が代守る無名の防人として南溟の海深く安らかに眠り度存じ居り候。

昭和十九年十二月

宏

御両親様

久住　宏 少佐

金剛隊伊号第53潜水艦　大津島より出撃

昭和20年1月12日

パラオ・コッソル水道海域にて突入　戦死

埼玉県出身　海軍兵学校72期

22歳

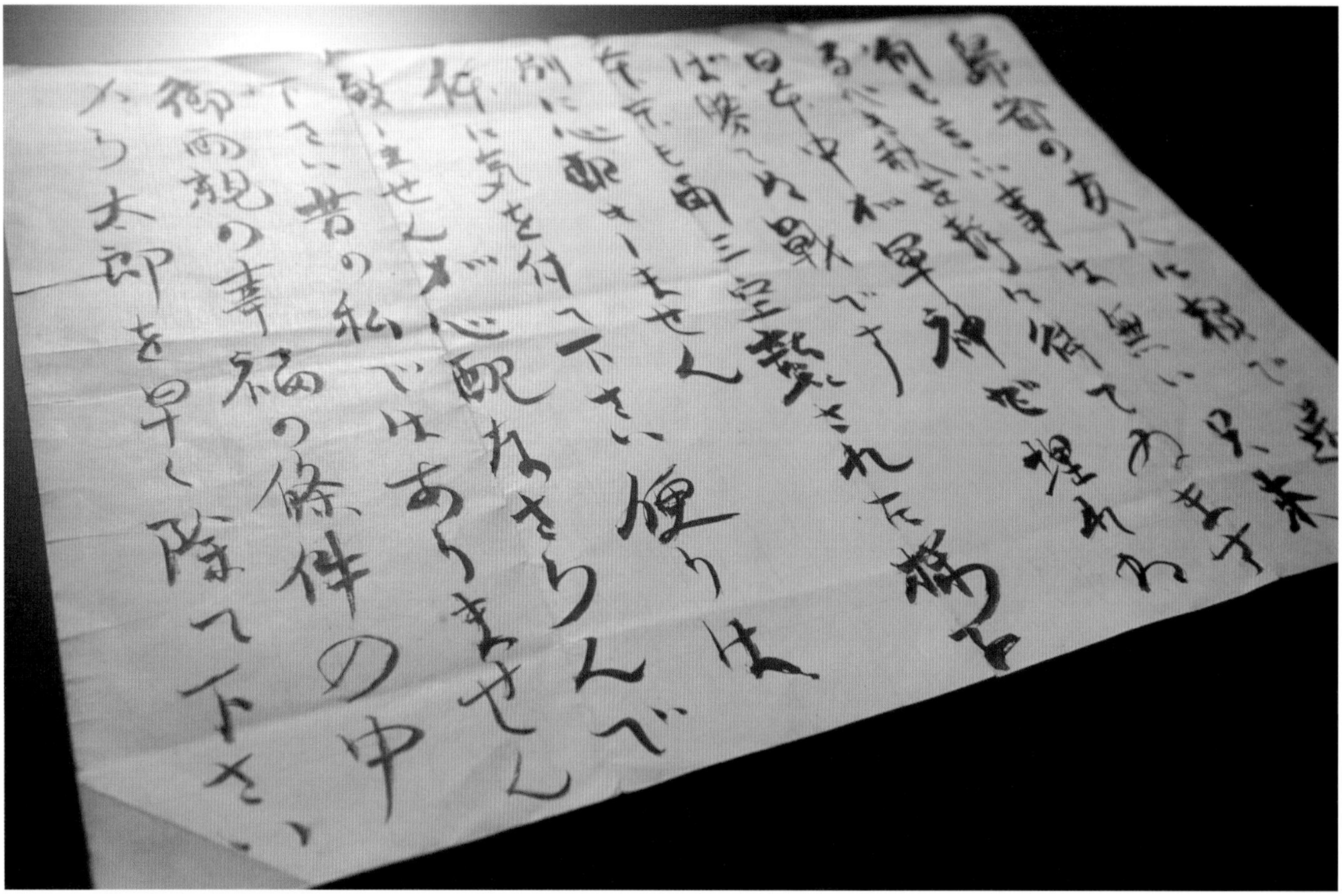

帰省の友人に頼んで送る。何も言う事は無い。只来るべき秋を、静かに待っています。
日本中が軍神で埋もれねば、勝てぬ戦です。
東京も再三空襲された様子、別に心配もしません。
体に気を付けて下さい。便りは致しませんが、心配なさらんで下さい。昔の私ではありません。
御両親の幸福の条件の中から、太郎を早く除いて下さい。話さねば、会わねば分からぬ心ではない筈、何時の日か、喜ばしい決定的便りをお届けします。
正直な処、チョット幼い頃が懐かしい気がします。帰りの車中はお陰で愉快でしたが、母上の泣き声が聞こえて嫌でした。もっと愉快になって、勝利の日まで頑張って下さい。
悠策や、日出子、五百子は、きっと親孝行をする良い子になりますね。
ママ、パパ私のする事を信じて見ていて下さい。

塚本　太郎　大尉

金剛隊伊号第48潜水艦　大津島より出撃

昭和20年1月21日

ウルシー海域にて突入　戦死

茨城県出身　慶応大卒

21歳

遺書

御両親様

人生二十五年転変の世に処し、回天特別攻撃隊千早隊の一員として愈々明朝出撃することとなりました。唯今申し上げたきは、御慈愛を深く感謝致すと共に、敵爆沈に集中成功を期するのみであります。菊水の兵器に乗り、白鉢巻の中に御両親様の御写真をひそめ、千人針に胆を締めて、敵撃滅に猛進する小生の姿を御想像になられ、尊継聊か御国の御役に立ち得たることを喜んでやって下さい。では行きます。

昭和二十年二月廿日

回天特別攻撃隊千早隊
海軍少尉　市川尊継

父上様
母上様

市川　尊継　大尉

千早隊伊号第370潜水艦　光より出撃

昭和20年2月26日

硫黄島海域にて突入　戦死

新潟県出身　早稲田大卒

23歳

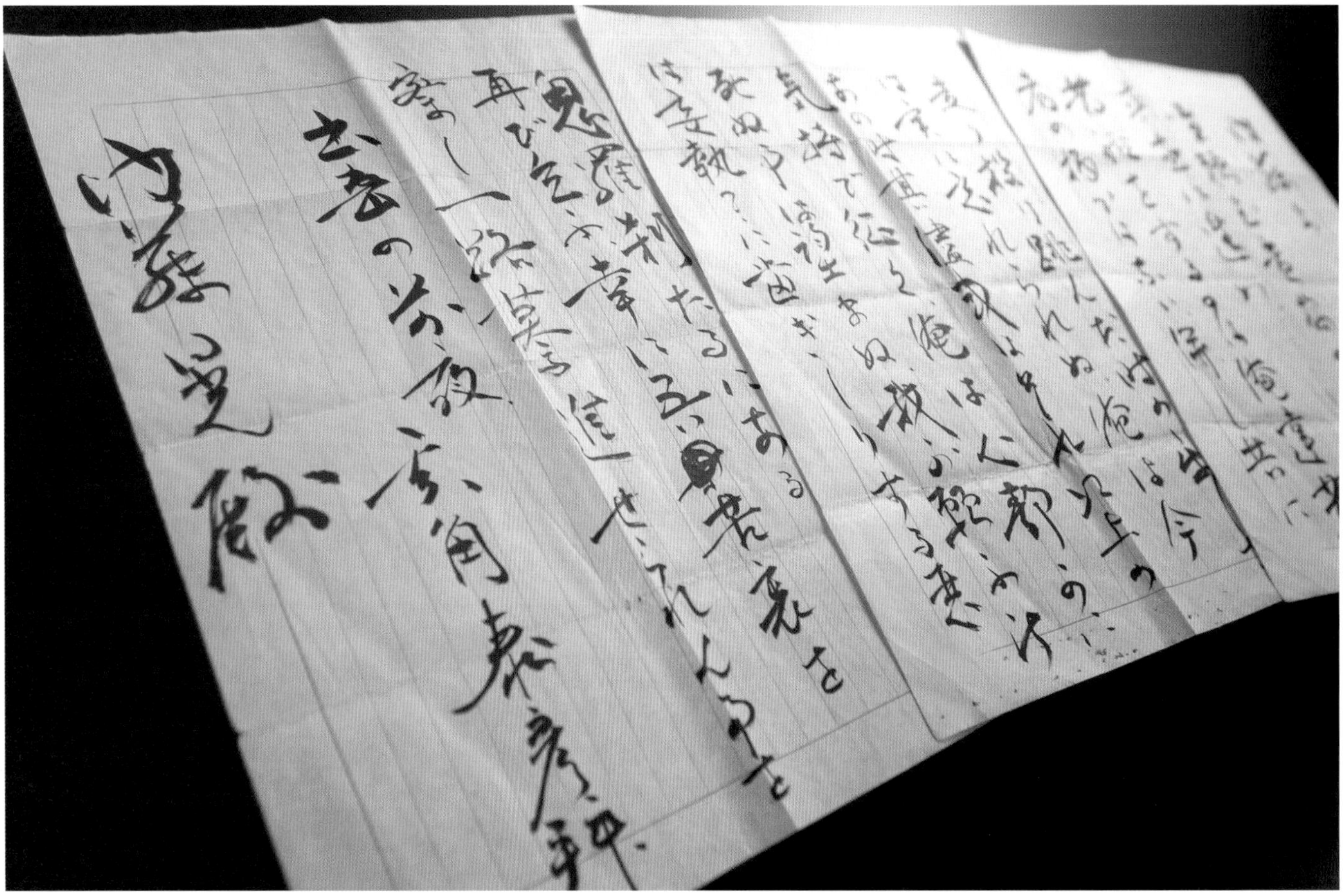

静岡高校の学友、内藤晃氏に宛てた書簡

内藤よ

唯頼む、貴様の道を真直に進め。

昔話をするのは俺達若い者の柄ではない。併し共に走り投げ跳んだ時の楽しさは実に忘れられぬ。

俺は今あの時その儘或はそれ以上の気持で征く。俺は心静かに死ぬ事は望まぬ。我が願う所は

妄執?に歯ぎしりする悪鬼羅刹たるにある。

再び乞う、幸に吾苦衷を察し一路驀進せられん事を。

出撃の前夜

亥角泰彦　拝

内藤晃殿

亥角　泰彦　大尉

多々良隊伊号第44潜水艦　大津島より出撃

昭和20年4月14日

沖縄近海にて　戦死

京都府出身　東大卒

22歳

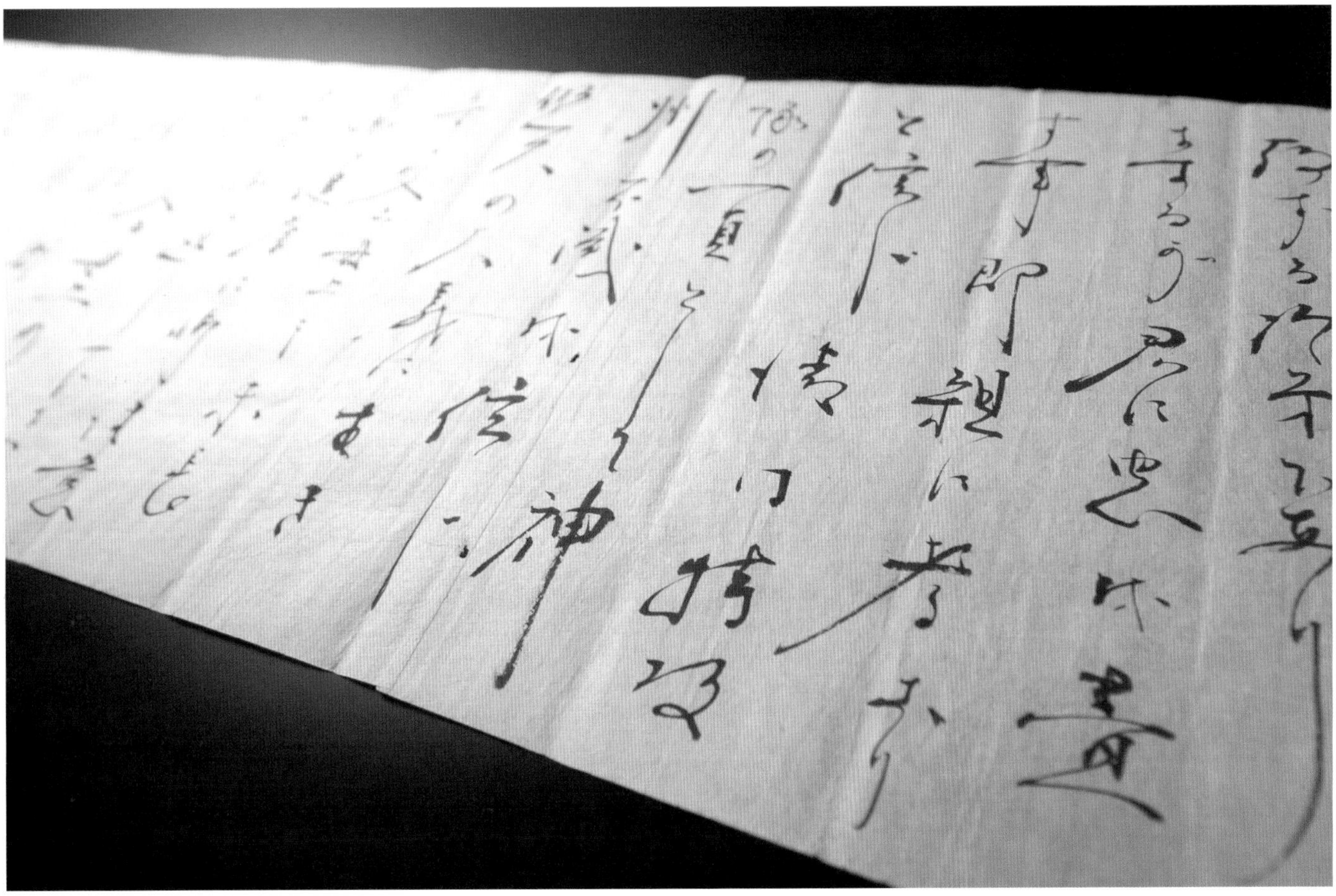

父上様
母上様

御元気にて御過ごしの御事と拝察申上げます。
軍人の一生之皆死の修養にて殊更に言遺す事もありません。
今回全国予科練習生より選ばれ絶好の機会を得、敵撃滅に特攻精神を
発揮し突撃するの機会を得た事は男子の本懐之に過ぐたる事はありません。
今日此の栄誉を得た事は今迄の父上母上の御陰と矢代家御祖先の御陰と厚く御礼申上げます。
父上母上の常々申されたる死場所を得た事は、母上父上の御期待に副いました事、只々自分の本懐といたす所であります。
父上母上には何一つ孝行も出来なかった事は、私の最も残念と存ずる次第でありまするが、君に忠を責す事即親に孝なりと信じ、清は特攻隊の一員として神州不滅を信じ、悠久の大義に生きます。
父上母上も末長く御健康に御注意せられ御過ごし下さい。
自分も父上母上の御期待に副い敵巨艦に体当たり突撃を致します。長い間色々有難う御座居ました。
兄上、姉上、久子、スミ子、幸雄、日出子、雅美にも清は立派に散ったと御伝へ下さい。
只々今迄の不孝を御許し下さい。では元気で行きます。

期必勝爆砕
父上様
母上様

清　書

矢代　清　少尉
多々良隊伊号第56潜水艦　大津島より出撃
昭和20年4月14日
沖縄近海にて　戦死
東京都出身　高輪工業高卒（甲飛予科練13期）
19歳

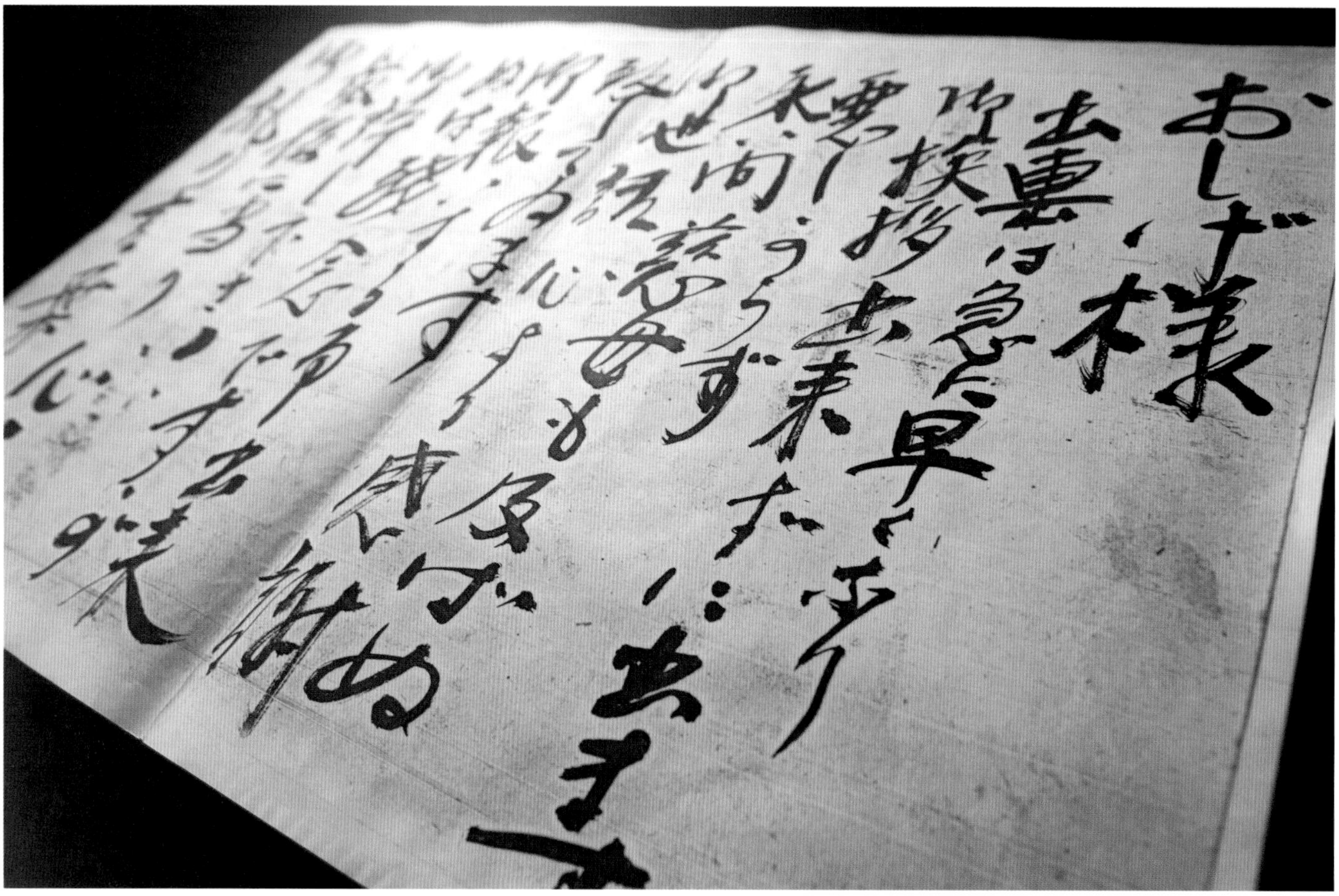

おしげ様

出撃は急に早くなり御挨拶出来ずに出ます。

悪しからず。

長い間慈母も及ばぬ御世話、心より感謝致しています。

御報いする事出来ぬは残念ですが御許し下さい。

最後に当り、心から御礼の言葉を申述べて出撃します。

出れば必ず轟沈します。

御健を祈ります。

かんたん乍ら御礼まで。

昭和二十年五月二十三日

海軍中尉　小林富三雄

小林　富三雄　少佐

轟隊伊号第361潜水艦　光より出撃

昭和20年6月15日

沖縄海域にて　戦死

三重県出身　海軍機関学校54期

21歳

回天の母「お重《しげ》さん」

大津島の対岸にある、海軍指定の旅館「松政」に勤め、回天隊員たちに母代わりとして慕われた倉重アサ子さん。物資のない時代にもかかわらず、出撃が決まった隊員から白絹のマフラーを頼まれると、着物の裏地を解いたり、あちこちを駆けずり回って布を手に入れ、自ら縫って出撃に間に合わせたこともあった。出撃前に催された壮行会では、「男なら、男なら、生まれた時も裸じゃないか、死んで行くのも裸じゃないか。生きているうち、一仕事、男ならやってみな」という歌で隊員たちを力づけ、涙を見せずに送り出した。後に、「百人に余る若者たちを死出の旅に送り出し、遺骨さえない彼らの死を迎えました」と当時を振り返っている。1985（昭和60）年2月22日、78歳で没。「私の遺骨は黒木さんや仁科さん、そして隊員皆さんがいるあの広い海に入れて下さいな」との遺言どおり、徳山湾の大津島沖に眠っている。

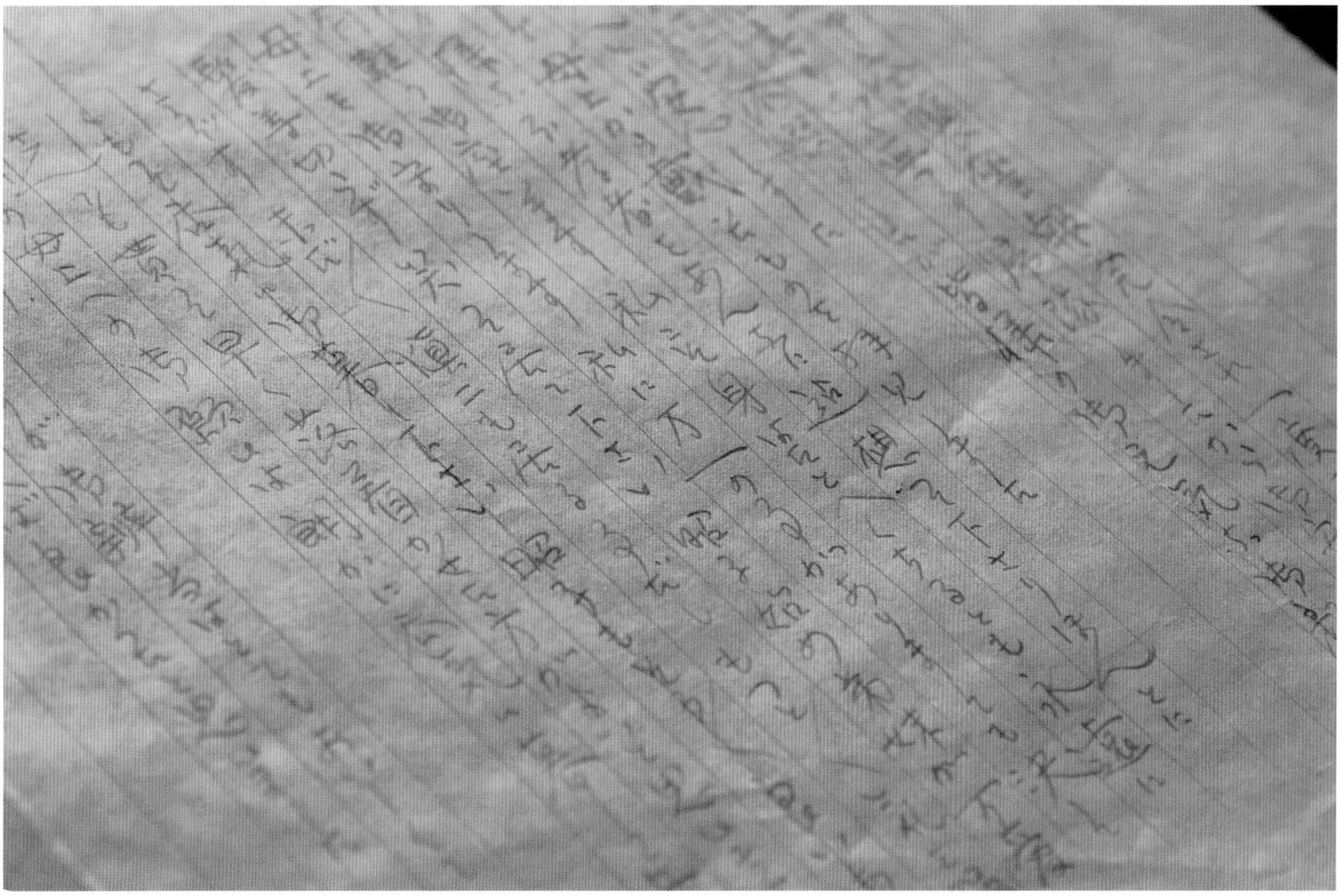

父上様

短い楽しい一日でした。皆様御元気でほんとに安心しました。
国家の危機に青年が起つのは当然のことです。
維新の志士、真の日本男子は必ず敵を撃滅します。
父上も銃後の指導者階級の一人としてしっかり願います。
慎二は元気一杯育てて下さい。
母上は気が弱い様ですからやさしくして上げて下さい。
これは私の願いです。では銃後はしっかり願います。

創一

母上様

横浜で途中空襲警報発令され一度下車しましたが、何等の被害もなく無事帰隊しましたから御安心下さい。
今度は短い休暇でしたが、皆様の御元気な御顔を見てほんとに安心しました。
車中で母上から戴いたものを拝見しました。
私の様な不孝者をあんなに迄想って下さり、ほんとに有難う御座います。私こそ身はたとへくちるとも、永遠に母上を御守りします。私に万一の事がありましても、決して髪等切らず笑っていて下さい。昭子始め弟妹が可愛そうです。まだまだ慎二も居ることだし、もっともっと気を強くもって呑気に御暮らし下さい。昭子もそろそろ良い御婿さんでも貰って早く落着かせた方がよいと思います。
私の母上への御願いは、朗かに呑気に暮らして戴きたいことです。
話は別ですが、御弁当はとてもおいしくあれならもっと沢山作ってもらえば良かったと思いました。

創一

水知　創一　大尉
轟隊伊号第165潜水艦　光より出撃
昭和20年7月16日
マリアナ東方海域にて　戦死
兵庫県出身　早稲田大卒
21歳

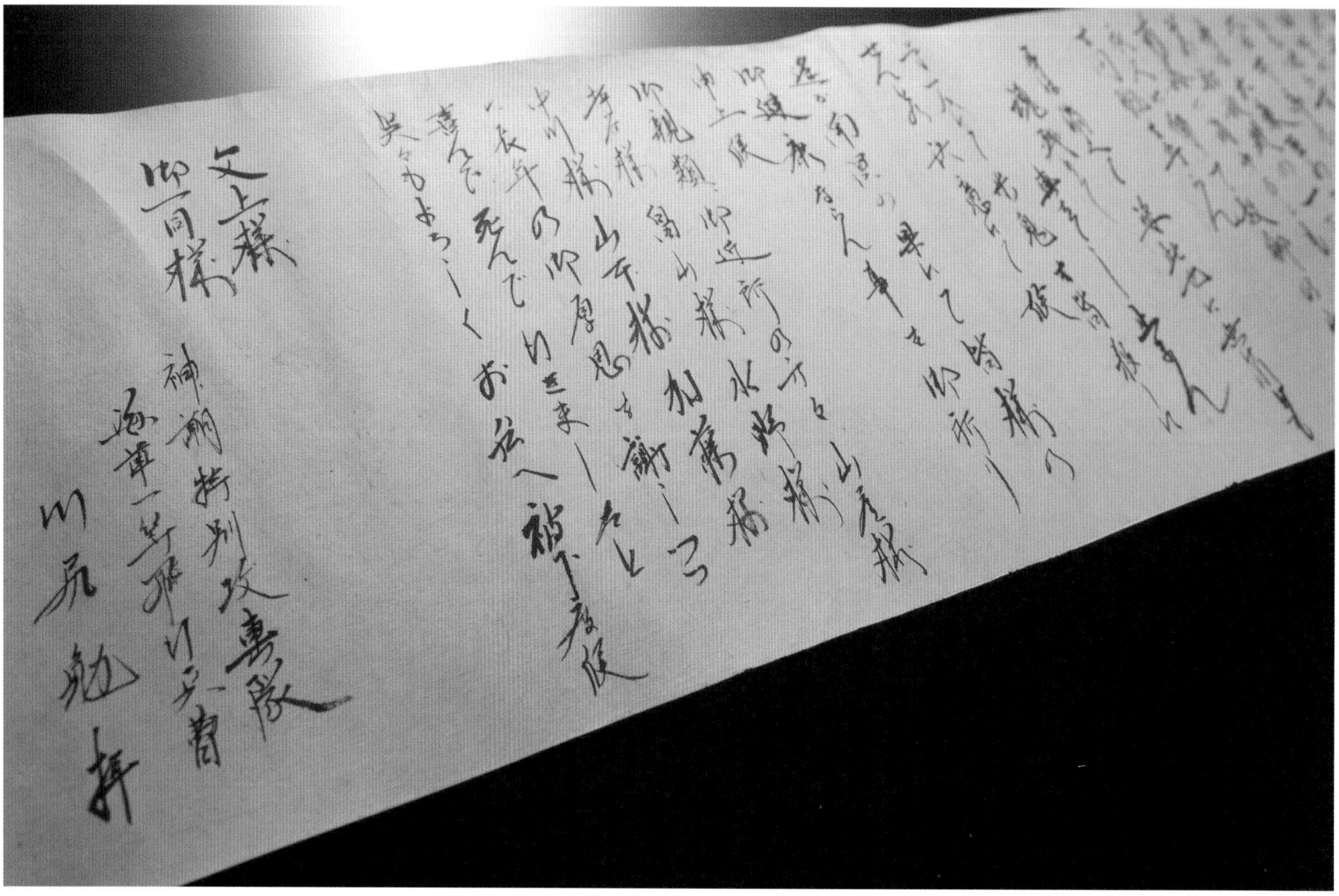

遺書

勉この度、幸いにも日本男児として誉と続べき死所を得、醜敵轟沈せんと張切り居り候。新兵器搭乗員として神潮特攻隊の一員となり、一途に体当りへと邁進し来たり候。

父上様始め皆様に先立つ罪は何とも申上る言葉もなく、唯々お許し下さいの一語にて候。然れども、大義親を滅すとか、神州日本に最大の危機至らんとする今、先立つも忠に発したれば、又孝なりと信じ居り候。

生まれしより受けし数々の御恩返しも為すことなくして散りゆくは心苦しき次第に候も、又いづくかの世にて御孝養つくすべく、其の折りを今より楽しみに待ち居り候。

日本に如何なる危難襲うとも、必ずや護国の鬼と化して大日本帝国の楯とならん。身は大東亜の防波堤の一個の石として南海に消ゆるとも、魂は永久に留まりて故郷の山河を、同胞を守らん。

身は消えて姿この世に無けれども　魂残りて撃ちてし止まん

予一人にても米鬼を皆殺しにせんとの決意にて候。遙か南溟の果にて皆様の御健康ならん事を御祈り申上候。

御親類、御近所の方々、山屋様、坪谷様、畠山様、水野様、中川様、山本様、加藤様に長年の御厚恩を謝しつつ喜んで死んで行きましたと呉々もよろしくお伝え下され度候。

父上様

御一同様

神潮特別攻撃隊

海軍一等飛行兵曹

川尻　勉　拝

川尻　勉　少尉

多聞隊伊号第53潜水艦　大津島より出撃

昭和20年7月29日

沖縄南方海域にて船団に突入　戦死

北海道出身　甲飛予科練13期

17歳

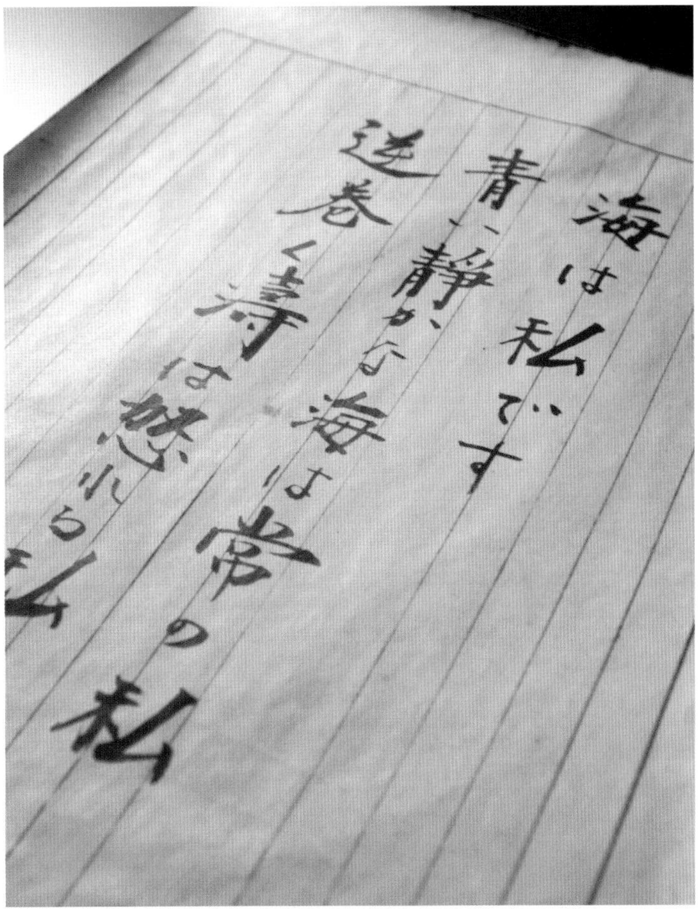

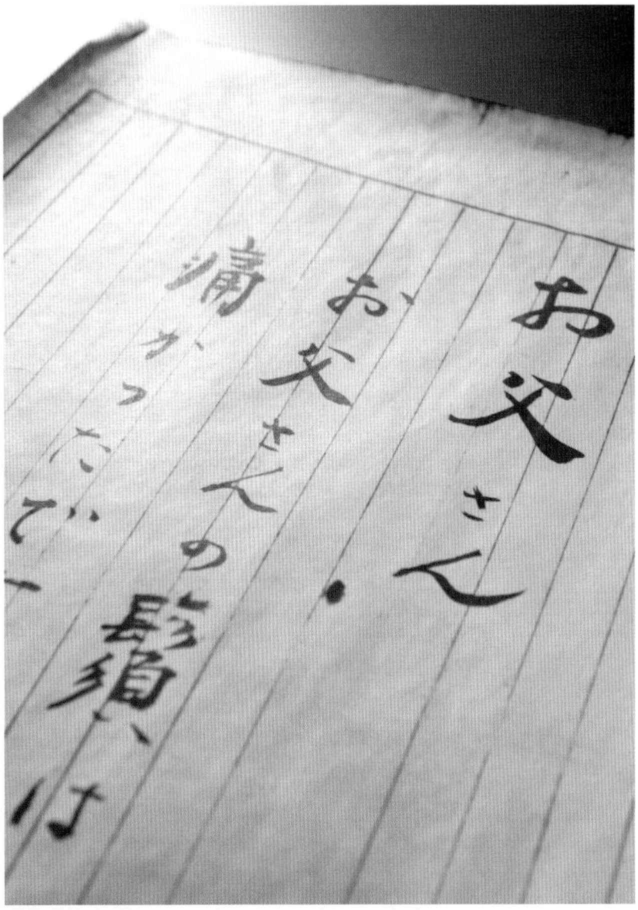

お父さん
お父さんの鬚は痛かったです
お母さん
情けは人の為ならず
忠範よ最愛の弟よ
日本男子は　御楯となれ　他に残すことなし
和ちゃん
海は私です
青い静かな海は常の私　逆巻く濤は怒れる私の顔
敏子
すくすくと伸びよ
兄さんは　いつでも　お前を見ているぞ

上西　徳英　少尉

多聞隊伊号第366潜水艦　光より出撃
昭和20年8月11日
沖縄海域にて船団に突入　戦死
福岡県出身　甲飛予科練13期
18歳

人間魚雷 回天 展示施設

周南市回天記念館

山口県周南市大津島1960番地　TEL 0834-85-2310
ホームページ／https://www.city.shunan.lg.jp/site/kaiten/

1968（昭和43）年に開館、1998（平成10）年に改装された。
「回天」に関わる遺書や遺品など約1,000点を収蔵し、回天の歴史や時代背景などと
合わせて紹介。その他、研修室、視聴覚室コーナーなどを備え、
回天の心を通じ平和について学習する施設となっている。

現存する回天基地入り口の門

変電所

交　通／JR徳山駅より徒歩約5分→徳山港よりフェリーで45分→馬島港から徒歩約10分
開館時間／午前8時30分～午後4時30分
休　館／毎週水曜日及び年末年始（12月29日～1月3日）※水曜日が祝日の場合はその翌日
入館料／大人310円（団体：250円）※18歳以下の学生、幼児は無料

回天烈士の遺品を守り続けた毛《もう》利《り》勝《かつ》郎《ろう》

呉海軍工廠の水雷科嘱託《しょくたく》であった毛利勝郎氏は、1937（昭和12）年、大津島が酸素魚雷の実験基地になると同時に着任し、回天基地が開設された後、大津島からの「回天」の出撃をすべて見送った。終戦後、毛利氏は部隊本部の金庫から、回天の設計図をはじめ、出撃隊員の写真、軍帽、短剣、絶筆などの遺品を持ち出し、米軍の追求から逃れるためにいったん山中に埋めて隠した。その後、それらの遺品を遺族に届けるために全国を飛び回ったという。その献身的な努力のおかげで、回天記念館の開設に至った。

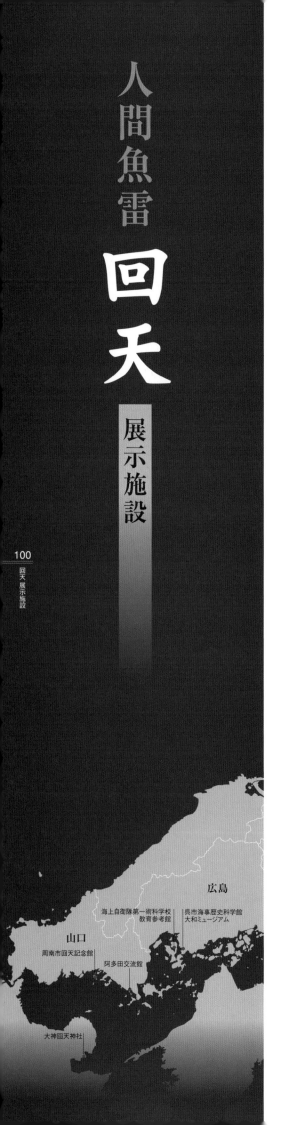

記念館へ続く道には回天烈士の名前を刻んだ石碑が並ぶ

記念館入り口に展示された原寸大「回天」の模型

回天搭乗員の訓練に使用された階段

トンネル／調整場から発射場へ回天を運んだトロッコのレール跡が残る

点火試験場

九三式魚雷発射試験場跡／回天を海面に下ろしたクレーンの跡が残る

危険物貯蔵庫

屋外には映画「出口のない海」の
ロケに使用された原寸大「回天」の
模型が展示されている

阿多田交流館

山口県熊毛郡平生町大字佐賀3900-14
TEL 0820-56-1100

交　通／JR柳井駅より防長バス「上関行き」「佐賀東行き」田名バス停で下車→徒歩約3分
玖珂ICより車で約40分
開館時間／午前9時～午後4時
休　館／毎週月曜日及び国民の休日、年末年始（12月28日～1月3日）
※月曜日が祝日の場合はその翌日
入館料／無料

2004（平成16）年に開館。古代～現在の阿多田半島の歴史、
海軍潜水学校開設から「回天」平生基地の設置までの流れとともに、
「回天」関連資料約300点を収蔵、展示している。

靖国神社　遊就館

東京都千代田区九段北3丁目1-1　TEL 03-3261-8326
ホームページ／https://www.yasukuni.or.jp/

1882（明治15）年、日本初の軍事博物館として開館、
1945（昭和20）年の閉館を経て、1986（昭和61）年に再建された。
2002（平成14）年に改装、新館を増築した。
明治維新からの歴史を語り継ぐ資料、戦没者の遺書や遺品のほか、
「回天」や零式艦上戦闘機、艦上爆撃機「彗星《すいせい》」、ロケット特攻機「桜花《おうか》」などの
大型展示も含め約10万点を収蔵し、その一部である5,000点を展示している。

交　通／JR市ヶ谷駅、飯田橋駅より徒歩約8分
地下鉄市ヶ谷駅、九段下駅より徒歩約8分
開館時間／午前9時～午後4時30分　※入館は閉館の30分前まで
休　館／年中無休（6月末及び12月末に数日間の臨時休館日）
拝観料／大人1,000円、大学生500円、高校生・中学生300円、小学生無料

呉市海事歴史科学館　大和ミュージアム

広島県呉市宝町5-20 TEL 0823-25-3017
ホームページ／https://yamato-museum.com

交　通／JR呉駅から徒歩約5分
　　　　呉中央桟橋から徒歩約1分
開館時間／午前9時～午後6時 ※展示室入館は閉館の30分前まで
休　館／火曜日
　　　　※火曜日が祝日の場合はその翌日
入館料／大学生以上500円、高校生300円、小・中学生200円※幼児は無料
駐車場／1時間100円（65台）

2005（平成17）年に開館。戦艦「大和」を中心とした呉の歴史と、日本の復興を支えた造船・科学技術について紹介している。
「大和」乗組員の遺書や遺品、回天十型（試作型）をはじめ、零式艦上戦闘機、特殊潜航艇「海竜」などを展示。

海上自衛隊第一術科学校　教育参考館

広島県江田島市江田島町 TEL 0823-42-1211
ホームページ／https://www.mod.go.jp/msdf/onemss/index.html

1936（昭和11）年に建築、戦前は約4万点の歴史的資料が保存されていたが、終戦時、一部を焼却処分とした。現在は、約16,000点を保存しており、そのうち約1,270点を展示。
「回天」など特攻隊員の遺書のほか、特殊潜航艇「海竜」「甲標的」、東郷平八郎元帥、山本五十六元帥の遺髪など、海軍関連資料を保存。

交　通／呉港、広島港からフェリー「江田島小用港」→呉市営バス約7分「第一術科学校」下車
見学時間／平　日　午前10時30分、午後1時、午後3時
　　　　　土日祝　午前10時、午前11時、午後1時、午後3時
見学料／無料

【参考文献】

回天（回天刊行会）
人間魚雷《回天》昭和の若武者たち（菊池清吾）
人間魚雷「回天」一特攻隊員の肖像（児玉辰春　高文研）
回天　各潜水艦戦闘記録（小灘利春）
雷跡の声　一・二（全国回天会）
「白龍隊」と兄猪熊房蔵の出撃（猪熊得郎）
第一回天隊　白龍隊（全国回天会）
多聞隊　伊366潜　出撃日誌
回天特攻　一搭乗員の軌跡（近藤伊助）
語り継ぐ回天（小川宣）
「回天」その青春群像（上原光晴　翔雲社）
ああ黒木博司少佐（吉岡勲　教育出版文化協会）
回天発進（重本俊一　光人社）
図説　帝国海軍特殊潜航艇全史（奥本剛　学習研究社）
「歴史群像」太平洋戦史シリーズ36　海龍と回天（学習研究社）

【資料提供・取材協力】
（敬称略・順不同）

周南市教育委員会・周南市回天記念館
平生町教育委員会・阿多田交流館
全国回天会
平生回天会
回天顕彰会
靖国神社　遊就館
呉市海事歴史科学館　大和ミュージアム
上原光晴
斎藤義朗
奥本剛
塚本悠策
仁科長夫
毎日新聞社

【監修】
（敬称略・順不同）

小灘利春
河崎春美
藤田協
中川荘治
小川宣

人間魚雷 回天

命の尊さを語りかける、
南溟の海に散った若者たちの真実

発行人　山近義幸
編集人　田中朋博

編集ディレクション　濱田麻由子
取材・文　舟木正明
デザイン　（株）プルトップ
オペレーション　（株）データワークス
CG作成　渡部篤
撮影　迫文雄
　　　谷元健四
　　　花田憲一
　　　宮下昭徳

2006年4月20日　初版発行
2021年4月20日　第2版発行

【印刷・製本】
佐川印刷株式会社

ISBN978-4-86250-695-5　C0031　¥2000E

【発行所】
株式会社ザメディアジョン
〒733-0011 広島市西区横川町2-5-15
TEL 082-503-5035 FAX 082-503-5036
http://www.mediasion.co.jp